饲料质量检测

主　　编　王　平
副 主 编　刘瑞芳
参编人员　杨明明　孙小琴
　　　　　杨　欣　任周正　雷新建

西北农林科技大学出版社

图书在版编目(CIP)数据

饲料质量检测 / 王平主编. —杨凌 : 西北农林科技大学出版社, 2021.7
ISBN 978-7-5683-0977-6

Ⅰ. ①饲… Ⅱ. ①王… Ⅲ. ①饲料—质量检验 Ⅳ. ①S816.17

中国版本图书馆 CIP 数据核字(2021)第 142929 号

饲料质量检测

王 平 主编

出版发行	西北农林科技大学出版社		
地　　址	陕西杨凌杨武路 3 号	**邮　编**:712100	
电　　话	总编室:029 - 87093195	发行部:029 - 87093302	
电子邮箱	press0809@163. com		
印　　刷	西安日报社印务中心		
版　　次	2021 年 10 月第 1 版		
印　　次	2021 年 10 月第 1 次印刷		
开　　本	787 mm × 960 mm　1/16		
印　　张	10.75		
字　　数	179 千字		

ISBN 978-7-5683-0977-6

定价: 32.00 元

内容简介

CONTENT VALIDITY

饲料质量检测是动物营养学和饲料学课程的重要实践内容。《饲料质量检测》共有四章，包括饲料分析基础、饲料营养成分分析、畜禽消化代谢试验、饲料质量检测。饲料分析基础介绍了样本采集与制备方法、化学分析基础知识和数据处理基本方法；饲料营养成分分析介绍了目前饲料分析中常规营养指标的测定方法；畜禽消化代谢试验介绍了猪、反刍动物、水产动物和禽类的消化代谢试验方法、平衡试验和饲养试验方法；饲料质量检测介绍了饲料原料和配合饲料质量检测方法。

本书可作为动物科学专业、水产科学专业和草业科学专业的本科生教科书使用，也可为动物科学领域相关科研人员、饲料企业技术人员和畜牧生产者提供参考。书中不足之处在所难免，希望各位读者提出宝贵意见，供修订时参考。

编　　者

2021 年 10 月

目 录

CONTENTS

第一章　饲料分析基础

第一节　分析样本的采集和制备

实验一　样本采集方法

一、采集样本的目的和要求

由一种物品中采集供给分析的样本称之为采样。饲料分析的第一步是采集样本。饲喂家畜的饲料容积和容量都很大，而分析时所用的样本仅为其中的一部分。所采用供分析的样本是否能代表该饲料全部品质问题与采样的方法有很大关系。因此，采样技术在饲料分析工作中占有重要地位。

各种饲料的营养成分由于饲料的品种、生长的土壤、气候、农业栽培技术、收获季节、加工处理、贮藏等情况的不同而有显著的差别。因此，在采样时应根据分析要求，遵循正确地采样技术，并详细注明饲料样本的情况，使所得的分析结果能为生产实际所参考和应用，这就必须考虑到采集的样本，应具有足够的代表性，使它们所引起的误差减至最低限度。

二、样本采集方法和原则

虽然采样的方法随不同的物品而有不同，但一般说来可根据物品的均匀性质分为下列两类：

1. 均匀性质的物品

单相的液体或是搅拌均匀的籽实或粉末（如磨成粉末的各种糠麸、鱼粉、血粉等饲料），它们每一小部分的成分与其全部的成分完全相同。因此，这类物品可以采取其任何一部分作为分析的样本。在通常情况下，粉末或研碎的物品，可用“四分法”来采样。此法操作程序如下：

籽实或粉末置于一大张方形纸或漆布、帆布(塑料布上，提起纸的一角，使粉末流向对角，随即提起对角使籽实或粉末流回，如法将四角反复提起，使粉末反复移动混合均匀。然后将籽实或粉末铺平，用药铲、刀子或其它适当器具从当中划一“十”字，将样品分成四份，除去对角两份，将剩余两份如前法混合后，再分成四份。重复以上操作手续，直至剩余量与测定用量相近为止。

大量的籽实或粉末也可在洁净的地板上堆成锥形，然后，用铲将堆移至另一处。移动时将每一铲籽实倒于前一铲籽实之上。铲粉末时用相同方法，这样使籽实或粉末由顶向下流至周围。如此反复将堆移动数次，即可混合均匀。

2. 不均匀的物品

许多粗饲料、块根、块茎饲料，家畜屠体等属于这一类。此类物品需要复杂的采样技术，其复杂程度随物品体积的大小和不均匀性质的情况而定。采取代表样本的原则是，应尽可能地考虑到采取被检物品的各个不同部分，并把它们磨碎至相当程度，以使混合均匀，从而再以“四分法”采取分析用样本。在实际情况下，应用上述原则还应根据实用与准确度的要求，对采样技术作下列各点的考虑：(1)可能达到的或要求的准确程度；(2)全部物品均匀程度；(3)时间、人力、物力的范围；(4)分析的目的。

凡是大量不均匀的物品，例如一堆干草或一批块根、块茎饲料，其分析样本在送往实验室之前，往往须采取多量样本；然后由取出的样本中重复取样多次，得出一连串逐渐减少的样本，叫做初级、次级、三级……等样本。分析用的样本可在最末一级样本中制备。为了使每一级样本都能代表全部物品。所采用的取样方法称为“几何法”。其操作步骤如下：

所谓“几何法”是把整个一堆物品看成为有规则的几何立体（立方形、圆柱形、圆锥形等)。取样时首先把这个立体分为若干体积相等的部分(虽然不便实际上去做，但至少可以在想象中把它分开)，这些部分必须在全体中分布得均匀，即不只是在表面或只是在一面。从这些部分中取出体积相等的样本，这些部分的样本称为支样，再把这些支样混合，即得初级样本。

现今多数法定的取样手续都以这种取样方法为根据，当对某一项物品全部的性质不了解时，必须用这种方法采取样本。

三、取样方法在各类不同物品上的应用

1. 谷实类、糠麸、油粕类饲料

可先用“几何法”采样，缩小至500~1000 g样本时，带回实验室。再经“四分法”采样至适当数量后，进行分析样本的制备手续。

2. 青饲料、青贮、干草、秸秆

可先用“几何法”采取样本，然后缩小至1000 g左右。水分多的青饲料应及时称其鲜样重量，然后带回实验室再完成样本的制备工作。干草的叶子容易脱落，影响其营养成分的含量，采样时必须注意采取完整或具有代表性的样品。

3. 块根、块茎和瓜类饲料

这些都是由不均匀的大体积单位组成的样品，应由多个单独样本中取样以消除每个样本间差异。样本个数之多少，根据样本的种类和成熟之均匀与否，以及所要测定的营养成分而定。一般情况约取10~20个个体（马铃薯取50个，胡萝卜取20个，南瓜取10个），先以水洗净，洗涤时注意勿损伤样本的外皮，洗净后用布拭去表面的水分。然后再以适当的方法由每一个样本上纵切具有代表性的适当部位与数量，切碎后，用“四分法”采样。再进行分析用的样本的制备工作。

四、肉类采样方法

肉类采样有两种方法，一种是为分析试畜整体的成分，另一种是为分析试畜某一种肌肉的成分。目的不同，采样方法亦有差异。

1. 为家畜整体成分分析的采样法

(1)以猪为例　将一头猪屠宰、放血，收集全部血液，排尽内脏污物。再将屠体精确地对剖为两片。将内脏（排空的消化道与膀胱）与血液混合为一部分；猪屠体的左侧片为另一部分。两者分别在1~1.25大气压下，蒸煮2~3 h与7~8 h。在蒸煮前后，两个部分均需分别称重。趁热将蒸煮过的两部分切碎磨成浆，以免脂肪分离。磨碎时应注意避免损失。以免影响分析结果。由上述两部分各取2 kg初级样本，用绞肉机与打浆机更进一步地磨细成为次级样本，立即称样分析其中干物质、粗蛋白质、粗脂肪与灰分量。猪毛另行采样，分别分析。由分析结果可计算试畜消化道中粪尿等污物排空后，屠体的化学成分。值得注意的是根据试验结果，样本的粗蛋白质、粗脂肪与灰分含量应总和几乎等于样本的干物质含量。猪屠体

的热价或者是畜体增重的热价可采用下列方法计算：

猪体粗脂肪量(g) ×9.46(kcal/g) = 猪体粗脂肪热价(kcal)

猪体粗蛋白质量(g) ×5.79(kcal/g) = 猪体粗蛋白质热价(kcal)

猪体总热价(kcal) = 猪体粗脂肪热价(kcal) + 猪体粗蛋白质热价(kcal)

(2)以鸡为例 称活鸡重。用手指捂住鸡口腔和鼻腔，将鸡闷死，或用氯仿麻醉(不放血)。半小时后(待血液凝固)，取出内脏，排尽内脏中污物。称屠体重。如鸡屠体较重，可将鸡屠体精确地对剖为两片。取其中一片作为试验样本。内脏亦平均分为两份，取其一份，将半片鸡屠体上的毛剪下，并剪碎。再用刀剁碎屠体(包括头、胴体、内脏、爪、翅膀)。上述各部分混在一起后再用绞肉机绞2～3次，使毛、肉、骨等绞碎，并混合均匀，代表鸡屠体的一半。按一定比例，称取绞碎与混匀的样本，分别测定其中干物质、粗蛋白质、粗脂肪和灰分。此法较为简便，适用于鸡的比较屠宰试验。试验结果证明，鸡体中粗蛋白质、粗脂肪与灰分总量几乎等于干物质量，鸡体中热能可按体中粗蛋白质与粗脂肪量进行计算，公式如下：

鸡体脂肪量(g) ×9.35 (kcal/g) = 鸡体粗脂肪热价(kcal)

鸡体粗蛋白质量(克) ×5.66 (kcal/g) = 鸡体粗蛋白质热价(kcal)

鸡体总热价(kcal) = 鸡体粗脂肪热价(kcal) + 鸡体粗蛋白质热价(kcal)

2. 为家畜体同一部位肌肉成分分析的采样法

例如，猪群经不同饲养方法或用不同日粮饲喂后，须评定各组猪肉的品质，则可割取各组猪的同一部位的肌肉，如背最长肌、股二头肌或其它部位的肌肉来测定其中干物质、粗蛋白质、粗脂肪和灰分的含量，进行比较。这种分析方法可供测定不同日粮或不同饲喂方法对肉品质的影响。

实验二　风干样本的制备

凡饲料原样本中不含游离水，仅含一般吸附于饲料中蛋白质、淀粉等的吸附水，其吸附水的含量在15%以下的样本称为风干样本。例如，籽实、糠麸、青干草、秸秆、秕壳、干草粉、乳粉、血粉、肉骨粉等。这类风干样本的采样可按照“四分法”取得分析用的样本。分析样本经用饲料粉碎机磨细，通过1 mm孔筛(即40号网筛)。粗料磨碎时在粉碎机中所留极少量难以通过筛孔的残渣，亦需将粉碎机打开，用剪刀仔细剪碎后，混匀在细粉中。这样制备的风干样本约需200 g，装入磨口广口瓶。将瓶置于干燥而不受直射光照的柜内,供作营养成分分析用。瓶面贴上标签,注明样本名称、采样地点、采样日期、制样日期和分析日期。记录本上应详细描述样本,注明下列内容:(1)样本名称(包括一般名称、学名、俗名);(2)生长期;(3)收获期及茬次;(4)调制、贮存条件;(5)外观性状;(6)混杂度;(7)采集部位;(8)原料或辅料的比例;(9)加工方法;(10)出厂时间;(11)等级及容量;(12)成熟程度;(13)分析人和采样人。

实验三 新鲜样本的制备

新鲜样本含有多量的游离水和少量的吸附水,两者的总水量约占样本重70~90%;例如青饲料、多汁饲料、青贮饲科、鲜肉、鲜蛋、畜类等都属于水分多的新鲜样本。按照“四分法”和“几何法”,由新鲜样本中取得分析样本,再将分析样本分为两部分,一部分鲜样约300~500 g,用作初水分的测定,得出半干样本。半干样本经饲料粉碎机磨碎,通过1 mm孔筛,装入磨口广口瓶中。瓶上贴标签,标签内容同风干样本。另一部分鲜样供作胡萝卜素的测定用(详见饲料中胡萝卜素的测定)。

实验四 初水分的测定(半干样本的制备)

一、目的

测定新鲜样本中初水分含量,并掌握半干样本制备方法。

二、原理

新鲜饲料即水分多的饲料或鲜粪和鲜肉不能被粉碎,亦不宜保存。因此,新鲜样本必须先测定其中的初水分,得到半干样本,再将半干样本(与风干样本同样)制备成分析用的样本。

用普通天平在已称重的搪瓷盘中称出200~300 g含水多的鲜样,将瓷盘与鲜样放入60~70℃烘箱中,5~6 h后取出搪瓷盘。在此有两种方法表示新鲜样本中半干样本的百分数。

第一种方法:将搪瓷盘由烘箱中取出,放于室内空气中冷却 24 h,使半干样本中水分与室内湿度取得平衡,而后称糖瓷盘与半干样本重。由此得出鲜样中空气干燥干物质%。

$$鲜样中空气干燥干物质\% = \frac{空气干燥干物质重(g)}{鲜样重(g)} \times 100$$

第二种方法:将搪瓷盘由 60 ~ 70℃烘箱中取出,移入干燥器内(以 $CaCl_2$ 为干燥剂),冷却 30 min 后,称重。再将搪瓷盘放入烘箱内,烘 0.5 ~ 1 h 后取出,冷却 30 min 后称重。依此直至前后两次重量相差不超过 0.5 g,根据 70℃干物质重,得出鲜样中 70℃干物质%。

$$鲜样中 70℃干物质\% = \frac{70℃干物质重(g)}{鲜样重(g)} \times 100$$

三、仪器设备

1. 搪瓷盘:20 × 15 × 3 cm;
2. 干燥器:直径 30 cm;
3. 坩埚钳;
4. 鼓风烘箱:60 ~ 70℃;
5. 普通天平:感量 0.01 g;
6. 标准铜筛:40 目、60 目;
7. 实验室用样品粉碎机或研钵;
8. 剪刀;
9. 干燥器:用氯化钙(干燥试剂)或变色硅胶作干燥剂。

第二节　样品的前处理

饲料样品通常是固态的。饲料分析则是基于被测成分在溶液中的化学性质或物理性质进行的。所以必须将固态样品制成样品溶液,或将样品中的被测成分转入溶液中。所谓前处理,就是将样品中的被测成分转变为可测状态的操作过程,其主要方法有如下几种。

一、溶剂浸提法

向固体样品中加入某种特定溶剂，使被测成分溶入溶剂，制成待测液的方法称为溶剂浸提法。

浸提操作可在静置下进行，由分子的扩散运动使被测成分缓慢溶出，直至该成分在固液两相中的浓度相等（即到达浸提平衡）为止；也可在不断振荡下（如放置在振荡器上）浸提。流动浸提是将固体样品装入浸提管中，使溶剂按一次流速（mL/min）顺流或逆流浸提。浸提平衡速度与溶剂温度和流速有关。所以，浸提操作应按规定的温度、流速，在一定时间内完成。

浸提在饲料分析中有广泛的应用。例如，粗脂肪的测定常用乙醚在55～60℃水浴中提取；糖分用75%乙醇溶液在70℃水浴中提取；而胡萝卜素用丙酮－石油醚（1∶1）在室温下提取，等等。常用的无机溶剂有稀酸或稀碱溶液，有机溶剂有乙醇、乙醚、氯仿、丙酮、乙酸乙酯、苯、四氯化碳、环乙烷、石油醚、正乙烷等。

用有机溶剂从与它互不溶混的样品溶液中提取被测成分或其反应物的方法称为萃取。萃取是以被测成分或其反应物在有机溶剂中的溶解度远远大于它在溶液中的溶解度（即在有机相中的分配系数较大）为基础的。某些被测成分具有酸性或碱性，其溶解度与溶液 pH 有关，故萃取前常加入缓冲溶液以调节溶液的酸碱度。萃取操作通常在分液漏斗中进行。

用有机溶剂进行浸提或萃取操作的优点是不破坏样品的组成和结构，故常称为非破坏性前处理。此外，由于有机溶剂沸点较低，只需在水浴中挥发，即可达到浓缩目的，从而减少样品用量。浸提或萃取技术不仅用于提取被测成分，也常用于提取干物质，使与被测成分进行分离。

在浸提和萃取操作中，正确选择溶剂是十分重要的。根据结构相似相溶原理，所选用的溶剂，其分子极性大小应与被提取物的分子极性相近，才能有较大的回收率。

二、湿法分解

饲料中的矿物质元素，如磷、钙、镁、硅、铁等，常与蛋白质等有机物结合成难溶物，用溶剂难以浸出，必须在强酸作用下使有机物破坏，才能制成待测液。这种前处理方法称为湿法分解或称消化法。

常用的酸有单一的酸，如浓硫酸、浓硝酸、浓盐酸等，但通常总是两种以上的混合酸，如硝酸—硫酸、硝酸—盐酸、硝酸—硫酸—高氯酸等。浓硫酸、浓硝酸、浓高氯酸不仅具有强酸性，能溶解许多矿物质，而且有强氧化性，可破坏有机物。用硝酸分解样品后，溶液残留少量亚硝酸和氮的低价氧化物，对有机试剂有破坏作用，需煮沸去除。高氯酸有强氧化性和脱水性，对有机质的分解能力强。但热的高氯酸遇有机物易发生爆炸，应先用硝酸分解有机物，冷却后再加入。为增强氧化能力，加速有机物的分解，有时还加入过氧化氢（H_2O_2）溶液。

当样品中含较多的碱土金属时，不宜用浓硫酸消化。这是因为生成难溶盐后不仅影响钙的测定，而且会吸附部分微量元素。

强酸消化常引起某些微量元素（如汞、硒、砷等）的挥发损失，可采用冷消化法。即在室温或稍高温度（35～37℃）下，用硫酸与过氧化氢消化。但此法消化时间较长，一般需 20～24 h。

三、干法灰化

将饲料样品在高温下灼烧，使碳水化合物等有机物分解挥发，留下矿物质灰分的方法称为干法灰化。

由于饲料含水分较多，灰化应分两步完成。首先称取一定重量的样品于坩埚中，置于电热板上，逐渐升温至 300℃，使大部分有机物炭化，然后移入高温茂福炉中，从 200～300℃开始，逐渐升温至 500～550℃，直至完全灰化，灰分中应无黑色炭粒，一般需 2～4 h。灰化需与灰分测定结合进行。即将灰分灼烧至恒重后，称量灰分重量，计算出灰分在样品中的含量后，用稀酸溶解灰分，所得溶液即为待测液。

当某些饲料样品含硅量较多时，灰化过程中易形成难溶硅酸盐，可将待测液澄清后，滤出清液，残渣转入聚氟乙烯塑料烧杯中，于酸性介质中加入氢氟酸，使硅以四氟化硅（SiF_4）形式存在，通过加热后蒸发去除。

湿法分解时，元素的挥发损失较小，由于加入大量试剂，造成试剂的污染较严重。干法灰化时试剂污染较轻，但一些元素的挥发损失较重，见表 1－1。因此，常在灰化前加入硝酸镁溶液作为固定剂。

表 1－1 干法灰化时可能发生的元素损失

元素	损失情况
B	在酸性条件下挥发
Cd	在 400～500 ℃挥发
Cr	在氧化条件下于低温开始挥发(氧化铬)
Cu	还原成金属铜,不溶于酸
Fe	450 ℃以氯化铁形式挥发
P	硫酸盐存在时挥发,有硝酸镁时无挥发现象
Zn	氯化物在 450 ℃以上挥发

第三节 器皿的选择、洗涤和量器校准

一、常用器皿的选择

器皿质料不同,性能各异,在分析工作中,正确选择器皿是十分重要的环节。

1. 玻璃器皿

玻璃器皿有软质玻璃、硬质玻璃、石英玻璃等制品。

软质玻璃是由钾、钠、钙、铝、硅、硼的氧化物烧结制成的,亦称普通玻璃。由于膨胀系数大,骤热、剧冷易破裂,而且可溶性杂质较多,耐化学腐蚀差等原因,只能作不加热容器,如试剂瓶、漏斗、量筒、玻璃管等。

硬质玻璃是由硅、锌、铝的氧化物和钾、钠、镁的碳酸盐及硼砂烧结而成的,又称为硼硅玻璃。其热膨胀系数较小,耐热(500℃左右软化)、耐温差(300℃)、耐腐蚀,可制成各种玻璃仪器,如烧杯、试管、烧瓶、冷凝管和一些量器。

石英玻璃是纯二氧化硅制成。具有热膨胀系数小,耐高温(1050℃),耐腐蚀和可溶性杂质少等优点。但价格昂贵,多用于微量元素分析。

一切玻璃器皿都不能与氢氟酸接触,这是因为氢氟酸能与硅作用,生成挥发性氟化硅(SiF_4)。磷酸在加热时对玻璃器皿的侵蚀也较严重。此外玻璃器皿怕碱的腐蚀,即使石英玻璃用碱处理后也有失重现象(见表 1－2)。玻璃塞长期不用时,应在磨口部分涂上凡士林或用纸隔开，盛酸的试剂瓶应用胶塞。

表1-2　碱溶液对石英玻璃侵蚀

碱溶液	温度(℃)	时间(h)	失重(mg)
10% $NH_3 \cdot H_2O$	18	2	0.4
30% $NH_3 \cdot H_2O$	18	2	0.8
2 $mol \cdot l^{-1}$ NaOH	100	3	48
1 $mol \cdot l^{-1}$ NaOH	100	3	12
2 $mol \cdot l^{-1}$ KOH	100	3	31

2. 瓷、石英、玛瑙器皿

实验室用的瓷器皿，实际上是上釉陶器。其抗机械撞击性能、耐高温（熔点1410℃）和对酸碱等化学试剂的稳定性均优于玻璃，可制作漏斗、研钵、点滴板、蒸发皿、坩埚、燃烧管、瓷舟等。凡温度超过100℃以上，与溶液接触时间较长的操作，选用瓷器皿为好。瓷坩埚经1200℃灼烧，其重量无明显变化，故常用于灰分和灼烧沉淀的重量法测定（但一般不超过800℃），瓷器皿同样受氢氟酸和磷酸的腐蚀，而且耐酸性强而耐碱性差。加有碱性熔剂和过氧化钠的样品，不能在瓷坩埚中熔融。

石英的主要成分是二氧化硅。其优点是含杂质少和对紫外光的吸收少，故常制作石英烧杯和石英比色皿。后者是紫外光谱分析中所必需的，石英易脆，使用时要特别小心。

玛瑙属于石英体的一种，主要成分是二氧化硅，此外尚含少量铝、铁、锰、钙、镁的氧化物。由于硬度大，可制作研钵和精密仪器的机械部件（如分析天平刀口等）。玛瑙研钵不宜受热，不可放于烘箱中烘烤。

3. 塑料器皿

普通塑料器皿是聚乙烯、聚丙烯或聚氯乙烯的热塑制品，其化学稳定性和机械性能好。所制洗瓶和试剂瓶用于贮存蒸馏水、标准溶液和某些化学试剂，不会溶出杂质造成污染，比玻璃器皿优越。但加热至55℃开始软化，同时易受浓酸、氧化剂和有机溶剂侵蚀（见表1-3、1-4）。对硫化氢、氨和铬酸盐有吸附作用。

聚四氟乙烯塑料除具有普通塑料的优点外，还有较强的耐热性和抗腐蚀能力。

使用聚四氟乙烯器皿时，可加热至220℃（超过此温度，会分解出少量四氟乙烯，对人体有害）。强酸（包括氢氟酸）、浓碱和强氧化剂对此种塑料无破坏作用。常用于制作烧杯、搅棒、试剂瓶、表面皿、蒸发皿、瓶塞或活塞等。

表1-3　塑料对无机化合物的稳定性

塑料种类	浓硫酸	30%硫酸	浓硝酸	10%硝酸	35%盐酸	85%磷酸	20%氢氧化钠	28%氨水	溴水	10%高锰酸钾
聚乙烯	-	+	-	+	+	+	+	+	-	+
聚氯乙烯(硬)	-	+	-	+	+	+	+	+	-	+
聚苯乙烯	-	+	-	+	+	+	+	+	-	+
聚四氟乙烯	+	+	+	+	+	+	+	+	+	+
聚胺（尼龙）	-	-	-	-	-	(+)	+	+	-	(+)

注：+稳定，(+)一定条件下稳定，-不稳定。

表1-4　塑料对有机溶剂的稳定性

塑料品种	丙酮	乙醇	乙醚	苯	10%乙酸	100%乙酸	酚	四氯化碳
聚乙烯	+	+	(+)	(+)	+	(+)	(+)	(+)
聚氯乙烯(硬)	-	+	+	-	-	(+)	(+)	+
聚苯乙烯	-	+	-	-	+	-	-	-
聚四氟乙烯	+	+	+	+	+	+	+	+
聚胺（尼龙）	+	+	+	+	+	-	-	+

注：+稳定，(+)一定条件下稳定，-不稳定。

4. 金属器皿

主要是铁、镍、银、铂等金属坩埚，用于干法熔融矿物质样品，饲料分析中应用较少，不赘述。

二、器皿的洗涤

1. 洗液

器皿的洗涤应根据其污染情况，选用不同的洗涤剂，常用的洗涤剂有如下所述。

重铬酸钾洗液：称取重铬酸钾（工业品即可）20 g，置于500 mL烧杯中，加水

40 mL,加热溶解。冷却后,在搅拌下缓缓加入 350 mL 浓硫酸,溶液呈深褐色,经多次使用后,溶液呈绿色,其氧化效力降低,可再加入适量高锰酸钾粉末让其再生。因此,用时应尽量减少水的稀释。

氢氧化钠—高锰酸钾洗液:称取高锰酸钾 4 g,溶于少量水中,在搅拌下缓缓加入 100 mL 10% 氢氧化钠溶液即成。此溶液用于洗涤油脂和有机物。洗后若器皿上附着二氧化锰沉淀,可用还原性洗液洗去。

碱性酒精洗液:于普通酒精中加等体积的 30% 苛性碱溶液即成。

还原性洗液:常用的有亚硫酸钠—稀硫酸溶液、硫酸亚铁—稀硫酸溶液、草酸—稀硫酸溶液。主要用于清洗盛过高锰酸钾后,器壁上附着的二氧化锰。

硝酸洗液:1∶3硝酸溶液用于洗涤比色皿;5% ~10% 硝酸用于洗涤瓷器皿。

此外还有肥皂水洗液、去污粉等。

2. 器皿的洗涤方法

新的玻璃器皿:先用水冲洗,然后用热的重铬酸钾洗液浸泡,再用水冲净。用于微量元素测定的器皿,最好再用双硫腙—四氯化碳溶液浸泡数小时,然后用四氯化碳清洗。

一般器皿:先用肥皂水、洗衣粉或去污粉洗净后,再用蒸馏水冲洗数次。但量器、比色皿和用于精密分析的器皿,不能用去污粉洗涤。因为去污粉中的砂粒在摩擦中会在器壁上划出道痕,造成污染和损坏。

油污较多或长期不用的器皿,先用自来水冲洗,再用重铬酸钾洗液浸泡,取出后再按一般器皿洗涤方法洗涤。亦可用氢氧化钠—高锰酸钾洗液或碱性酒精洗液洗涤。

塑料器皿和沾污硝酸银的器皿:用 1∶3硝酸洗涤或用 1∶2氨水洗涤;有铁锈和钙盐或金属氢氧化物污痕器皿,用 1∶3盐酸洗涤。塑料器皿不能用重铬酸钾溶液洗涤。

近十余年来,洗涤剂品种增多,且价格便宜,使用方便,对一般沾有油脂、蛋白质以及其他有机化合物器皿的洗涤十分有效。目前应用较多的有苯磺酸钠(以及加酶苯磺酸钠)、烷基磺酸钠以及乳化剂 OP、吐温(Tween)系列产品等有机表面活性剂。

三、量器的校准

容量器皿有一定的允许误差(见表 1 - 5),在进行准确度要求较高的分析时,必须进行校准。

表 1－5 容量器皿的允许误差

容积(mL)	误差限度(mL)			
	滴定管	吸量管	移液管	容量瓶**
2		0.01	0.006	
5		0.02	0.01	
10	0.01	0.03	0.02	0.02
25	0.02		0.03*	0.03
50	0.03*		0.05	0.05
100	0.05		0.08	0.08
200	0.10			0.10
250				0.11
500				0.15
1000				0.30
2000				0.50

* 容积为30mL以下。** 盛入法允许误差。

容积的单位是L，它是指质量为1000 g的纯水在标准大气压、3.98℃时所占的体积。由于器皿的容积随温度变化，所以在确定器皿体积时，必须标明温度。分析工作不可能在3.98℃的温度下进行，因此国产量器均以20℃作为标准温度。例如，一个标有20℃时1 L的容量器皿，即表示在20℃时其容积等于3.98℃时10 g纯水所占体积(1标准升)。

当我们由任何温度下水的重量求其体积时，必须考虑水的密度、容器体积随温度的变化以及在称量时空气浮力的影响。综合三种影响因素，可得到一个总校正值，表1－6列出了不同温度下以水充满容积为1 L的玻璃器皿，于空气中用黄铜砝码称得的水重。

表1－6　不同温度下容积为1升的水重*(于空气中以黄铜砝码称量)

温度(℃)	克数	温度(℃)	克数	温度(℃)	克数
10	998.39	21	997.00	31	994.64
11	998.32	22	996.80	32	994.34
12	998.23	23	996.60	33	994.06
13	998.14	24	996.38	34	993.75
14	998.04	25	996.17	35	993.45
15	997.93	26	995.93	36	993.12
16	997.80	27	995.69	37	992.80
17	997.65	28	995.44	38	992.46
18	997.51	29	995.18	39	992.12
19	997.34	30	994.91	40	991.77
20	997.18				

* 亦可换算为1 mL的水重表示。

校准的方法主要有两种:一种是称量从容量器皿某一刻度放出或放入的蒸馏水重,除以该温度下空气中用黄铜砝码称量的容积为1 L(或1 mL)的水重(查表1－6),即得该容量器皿此刻度的实际体积。另一种是用一个已校准的容量器皿与待校准的容量器皿进行体积比较。

校准容量瓶时先称量洗净且烘干的容量瓶重量(250 mL容量瓶准确至0.01 g,1 L容量瓶准确至0.05 g),注入蒸馏水至标线,记录水温,再称其重量,两次重量之差即为注入的蒸馏水重。然后以重量除以该温度下1 mL水的重量(查表1－6),即求得容量瓶容积。

例如,某一250 mL容量瓶,注入的蒸馏水为249.35 g,水温为15℃时,1 mL水重为0.997 93(见表1－6),则该容量瓶的容积为249.35/0.997 93＝249.86 mL。

校准滴定管时,取干净的50 mL带塞锥形瓶准确称重(精确至0.01 g),在已准备校准的滴定管中注入与室温相同的蒸馏水,调整液面至“0”刻度处,记录水温,以滴定速度放出0.00至5.00 mL间的水于锥形瓶中,再称其重量(准确至0.01 g),两次重量之差即为放出的蒸馏水重量。然后继续放水至10.00 mL刻度处,再称重。以后每次按5.00 mL间隔放出、称重,直至50.00 mL刻度线为止。每次称得的水重除以表1-6中该温度时1 mL水的重量,即为滴定管各段刻度间隔的容积。每重复1次,两次结果的偏差应小于0.02 mL。由此可列出各段的校正值和总校正值。

移液管和吸量管的校准与滴定管的校准相似。

第四节 标准溶液的配制和标定

一、化学试剂分级标准

化学试剂的纯度对分析结果的准确度有很大影响,而不同级别化学试剂在价格上差别甚大。因此,在实际工作中应本着需要与节约的原则,合理选择试剂。

根据我国化学工业部部颁标准HG3-119-64规定,国产化学试剂的规格分为以下三级。

优级纯:也是一级试剂,绿色标签。这类试剂的杂质含量很低,主要用于精密科学研究和分析工作,相当于进口试剂"G. R."(保证试剂,英、美)、"Х. Ч"(化学纯,苏)、"特级"(日本的特级试剂,介于我国的优级纯和分析纯试剂之间)。

分析纯:为二级试剂,红色标签。这类试剂的杂质含量低,用于一般科学研究和分析工作,相当于进口试剂"A. R."(分析试剂,英、美)、"Ч. Д. A"(分析纯,苏)。

化学纯:为三级试剂,蓝色标签。这类试剂的杂质含量稍高于二级试剂,用于一般概略分析和化学制备,相当于进口试剂"C. P."(化学纯,英、美),"Ч"(纯,苏)、"一级"(日)。

此外,还有一些特殊规格的试剂,如"光谱纯"(S. P.,即其杂质用光谱分析法不能检出),"层析纯"(Ch. P)以及指示剂(Indicator)、生物染色剂(B. S.)、生物试剂(B. R.)等。

二、标准溶液的配制

1. 直接配制法

准确称取一定量的基准物质,用蒸馏水溶解后再稀释至一定体积。

基准物质应符合如下条件:①要有足够的纯度,即杂质含量应少至不干扰测定,一般要求不超过0.01% ~0.02%,含量应大于99.95%,以选用优级纯试剂为好;②其实际组成应与化学式相符,如为水合物,其结晶水也应与化学式符合;③要稳定,无论在固态或溶液中均不发生变化,例如,在空气中不吸湿、不分解、不吸空气中的二氧化碳等;④具有较高的摩尔质量,这是因为摩尔质量越大,称取的重量越多,称量的相对误差越小。

市售化学试剂,即使是分析纯试剂也常含少量吸附水,将其用作基准物质时需预先在规定温度下烘干。然后置于干燥器中冷却至室温备用。一些基准物质的烘干温度列于附表五。

用基准物质配制 V mL、摩尔浓度为 C mol/L 的标准液时,可按下式计算应称取的基准物质重量 G(g):

$$G = \frac{C \times V \times M}{1\ 000} \tag{1}$$

式中:M—基准物质的摩尔质量(g/mol)。

配制 V mL 滴定度为 $T_{M1/M2}$(即 1mL M_1 物质的标准溶液相当于被滴定物质 M_2 的克数)的标准溶液时,设滴定反应为:

则可按下式计算应称取的基准物质重量 G(g):

$$G = \frac{T_{M1/M2} \times V}{aM_2} \times tM_1 \tag{2}$$

式中:M_1—基准物质的摩尔质量(g/mol);

M_2—被滴定物质的摩尔质量(g/mol);

t—基准物质在滴定反应方程式中的系数;

a—被滴定物质在滴定反应方程式中的系数;

常用滴定分析标准溶液的配制方法见后面内容。

2. 间接配制法(标定法)

当该物质不符合基准物质条件时(例如,氢氧化钠易吸收空气中的水分和二氧化碳;市售浓硫酸、浓盐酸无准确浓度等),不能直接配准。只能先配成近似所需浓度的溶液,然后标定其准确浓度。

用固体物质配制时,所需物质的大约重量仍按公式(1)、(2)计算。

用浓溶液配制稀溶液时,所需浓溶液的近似体积可按下式计算:

$$V_2 = \frac{C_1 \times V_1}{C_2} \tag{3}$$

式中：C_1—欲配稀溶液的摩尔浓度(mol/L)；

V_1—欲配稀溶液的体积(mL)；

C_1—所取浓溶液的摩尔浓度(mol/L)；

V_2—所取浓溶液的体积(mL)。

用已知比重(d,g/mL)和百分含量(%)的市售浓硫酸配制近似摩尔浓度 C_1、体积为 V_1 的稀溶液时，也按下式计算所需浓酸的近似体积 V_2：

$$V_2 = \frac{C_1 \times V_1 \times M}{1000 \times d \times (\%)} \tag{4}$$

式中：M—该物质的摩尔质量(g/mol)；

其他符号含义同上。

普通酸碱标准溶液的配制，参见附表三；缓冲溶液的配制，参见附表七。

三、标准溶液浓度的标定

用基准物质、标准样品或已知准确浓度的标准溶液来测定未知标准溶液浓度的过程称为标定。标定时所用的基准物质又称为标定剂。

标定时，首先应准确称取一定重量的基准物质并置于锥形瓶中，加 20～30 mL 蒸馏水溶解，按规定条件(如酸度、指示剂、滴定速度等)用待标定的溶液滴定至终点，根据消耗的体积 V(mL)，可由下式计算其准确的摩尔浓度 C(mol/L)：

$$C = \frac{G}{V \times M} \times 1000 \tag{5}$$

式中：G—所称取的标定剂重量(g)；

M—标定剂的摩尔质量(g/mol)。

用一定体积 V_1(mL)、已知准确浓度 C_1(mol/L)的标准溶液来标定所配浓度为 C_2(mol/L)的标准溶液时，若消耗的体积为 V_2(mL)，可按(3)式计算其浓度。

若标准溶液浓度以滴定度 $T_{M1/M2}$ 表示时，则；

$$T_{M1/M2} = \frac{G \times t \times M_2}{V \times a \times M_1} \tag{6}$$

式中：M_1—标准溶液物质的摩尔质量(g/mol)；

M_2—基准物质的摩尔质量(g/mol)；

t—基准物质在滴定反应方程式中的系数；

a—标准溶液物质在滴定反应方程式中的系数；

G、V含义同前。

标准溶液浓度的标定，至少应作 2 ~ 3 次平行滴定，相对偏差一般不大于0.2%。

标定好的标准溶液应转入用酸碱处理过并洗净的试剂瓶中，瓶上贴标签，注明准确浓度和标定日期，放阴凉处妥善保存。硝酸银、高锰酸钾、硫代硫酸钠等标准溶液见光易分解，应存于棕色试剂瓶中。

四、常用滴定分析标准溶液的配制和标定

1. 0.1 mol/L 盐酸标准溶液

配制方法：量取比重为1.19 的浓盐酸 8.3 mL，用蒸馏水稀释至 1 L，混合后倒入试剂瓶中。

标定方法Ⅰ：准确称取烘过的硼砂（$Na_2B_4O_7 \cdot 10H_2O$）0.4 ~0.5 g，放入 250 mL 锥形瓶中，用 25 mL 蒸馏水溶解后，加甲基红指示剂 2 滴，用待标定的盐酸溶液滴定至溶液由黄色变为红色即为终点。记录盐酸标准溶液消耗的体积，按公式(5)计算其浓度，$M_{硼砂}=381.37$。

标定方法Ⅱ：准确称取烘干的无水碳酸钠 0.12 ~0.15 g，放于 250 mL 锥形瓶中，用 25 mL 蒸馏水溶解后，加甲基橙指示剂 2 滴，用待标定的盐酸溶液滴定至溶液由黄色变为橙色即为终点。记录盐酸标准溶液消耗的体积，按公式(5)计算其浓度，$M_{Na_2CO_3}=105.99$。如用溴甲酚绿 - 甲基红混合指示剂，则在滴定终点溶液由绿色变为暗红色。

2. 0.1 mol/L 氢氧化钠标准溶液

配制方法：准确称取氢氧化钠 10 g，用 20 mL 蒸馏水溶解，静置，待澄清后小心吸取上层清液 8 mL。用煮沸冷却（以除 CO_2）的蒸馏水稀释至 1 L，转入带胶塞的试剂瓶中（最好用塑料瓶）。

标定方法Ⅰ：准确称取烘干的邻苯二甲酸氢钾（$KHC_8H_4O_4$）0.4 ~0.5 g，放入 250 mL 锥形瓶中，用 25 mL 不含 CO_2 的蒸馏水溶解，加酚酞指示剂 2 滴，用待标定的 NaOH 溶液滴定至呈淡红色（30 min 不褪色）为终点。记录氢氧化钠标准溶液消耗的体积，按公式(5)计算其浓度，$M_{KHC_8H_4O_4} \cdot 2H_2O=204.2$。

标定方法Ⅱ:准确称取烘干的草酸($H_2C_2O_4 \cdot 2H_2O$)0.15~0.2 g,按方法Ⅰ所述步骤标定和计算,$M_{H_2C_2O_4 \cdot 2H_2O}=126.07$。

3.0.01 mol/L EDTA 标准溶液

配制方法:称取乙二胺四乙酸二钠盐(EDTA)3.7g,加少量蒸馏水溶解后稀释至1 L,转入试剂瓶中。

标定方法:准确称取经105℃烘3~4 h的碳酸钙分析纯0.500 5 g,溶于25 mL 0.5 N盐酸中,煮沸除CO_2,用不含CO_2的蒸馏水洗入500 mL容量瓶中,并稀释至刻度,此溶液为0.010 00 mol/L Ca^{2+}标准溶液。吸取Ca^{2+}标准溶液25.00 mL于250 mL锥形瓶中,用1:1 $NH_3 \cdot H_2O$中和至近中性后,加5mL pH=10的$NH_3 \cdot H_2O-NH_4Cl$缓冲溶液和适量钙指示剂,用待标定的EDTA标准溶液滴定至由红色变为蓝色即为终点。记录EDTA标准溶液消耗的体积,按公式(3)计算其浓度。

4.0.02 mol/L 硝酸银标准溶液

配制方法:称取分析纯硝酸银3.4 g,用少量蒸馏水溶解后,定容至1 L,存于棕色试剂瓶中。

标定方法:准确称取经550℃烘干2 h的氯化钠分析纯0.2922 g,用少量蒸馏水溶解后,定容至250 mL,即为0.020 00 mol/L的氯化钠标准溶液。准确吸取25.00 mL 0.02000 mol/L氯化钠标准溶液于250 mL锥形瓶中,加10 mL 1%淀粉及3滴0.5%荧光黄指示剂,用待标定的硝酸银溶液滴定至呈粉红色为终点,按公式(3)计算其浓度。亦可用5 mL 0.5%铬酸钾(K_2CrO_4)作指示剂,用待标定溶液滴定至橘红色即为终点。

5.0.02 mol/L 硫氰酸钾标准溶液

配制方法:准确称取2 g硫氰酸钾(分析纯KSCN),先用少量蒸馏水溶解后,然后再定容至1 L。

标定方法:准确吸取已标定准确浓度的0.02 mol/L硝酸银溶液25.00 mL于250 mL锥形瓶中,加水至50 mL,再加1:1硝酸5 mL、6%铁铵矾[$NH_4Fe(SO_4)_2 \cdot 12H_2O$]指示剂5 mL,用配好的硫氰酸钾溶液滴定至浅红色为终点,按公式(3)式计算其浓度。

6.0.01 mol/L 高锰酸钾溶液

配制方法:称取1.6 g高锰酸钾,溶于1000 mL水中,煮沸1 h或放置3 d后,用玻璃砂芯漏斗或玻璃棉过滤,滤液存于棕色试剂瓶中。盖上玻塞,放于暗处。

标定方法:准确称取经105~110℃烘干2 h的草酸钠(分析纯,$Na_2C_2O_4$)0.1 g

于250 mL锥形瓶中,用30 mL蒸馏水溶解后,加3 mol/L硫酸10 mL,加热至70~80℃(不得超过80℃),用待标定的高锰酸钾溶液滴定。开始滴定速度要慢,等褪色后再滴,至呈微红色并在1 min内不消失为终点。按公式(5)计算其浓度,$M_{Na_2C_2O_4}=134.00$。

第五节　分析误差和数据处理

一、分析结果的误差

在分析工作中,我们总是希望所获得的分析结果尽可能接近样品中被测组分的真实含量,然而,无论我们选用的分析方法和仪器多么先进,分析技术多么熟练,也不可能使分析结果与真实含量完全符合。测定值与真实值之间的差值叫作误差。它是客观存在的。

误差按其来源和性质可分为系统误差和偶然误差两大类。

1. 系统误差

系统误差是由下面所列的一些固定的、经常性的因素引起。

方法误差:由于分析方法本身不够完善所造成的。如加热过程中物质的挥发和分解,沉淀的溶解或化合物的离解,共存离子的干扰等。

仪器和试剂误差:由于仪器不够准确、试剂或蒸馏水不纯等造成的。如砝码重量、吸量管、容量瓶、滴定管不准等。

操作误差:由于工作人员操作不当所造成的。如对颜色的观察偏深或偏浅,对量器中溶液体积刻度的观察不准,测定条件(如酸度、温度等)偏离允许范围等。

系统误差具有"单向性",即多次重复测定均以相同的正值(偏高)或负值(偏低)影响分析结果。因此,系统误差的大小是可以测出的,故又称为可测误差。

2. 消除系统误差的方法

作对照试验:选择已知含量的"标准样品"或用纯试剂配制的"人工合成样品"在相同条件下进行测定,求得校正系数后,对分析结果进行校正。

$$校正系数 = \frac{标准样品含量}{标准样品分析结果}$$

作空白试验:在不加样品的情况下,按样品分析的方法、条件和操作步骤进行测定,所得结果称为“空白值”。样品分析结果扣除空白值后,较为准确。

校正仪器:通过对仪器的校正,在结果计算中引入校正值,可消除仪器不准造成的系统误差。

作回收试验:在分析样品中加入含有被测成分的标准溶液,与原样品同时测定,按下式计算回收率:

$$回收率(\%) = \frac{C}{A} \times 100 \tag{11}$$

式中:C 为实际测得的标准物质的量;A 为加入标准物质的量。回收试验可以检验分析方法的准确度。

3. 偶然误差

偶然误差是由某些不固定的偶然因素引起的。例如,测定时环境温度、压力和浓度的改变;仪器性能的偶然变化;器皿清洗不到位造成的污染;操作人员的疏忽造成试液溅出、沉淀损失等。偶然误差无单向性,在重复测定中给分析结果的影响时高时低、时正时负。故偶然误差又称为不可测误差或不定误差。尽管偶然误差有随机性,但多次测定中会发现它遵从于一定的统计规律,即正、负误差出现的几率相等;且小误差出现的几率大,大误差出现的概率小。因此在消除系统误差之后,可用多次测定的算术平均值代替真实值。而且,测定次数愈多,其算术平均值愈接近于真实值。

二、准确度和精密度

准确度是指测定结果与真实值符合的程度。测定结果与真实值愈接近,该测定结果的准确度愈高。准确度用误差表示。误差有绝对误差和相对误差两种。测定结果大于真实值,误差为正值(正误差、偏高);反之为负值(负误差、偏低)。

$$绝对误差 = 测定结果 - 真实值$$

$$相对误差 = \frac{绝对误差}{真实值} \times 100\%$$

在实际工作中,真实值是不知道的,于是引入了精密度的概念。所谓精密度是指多次测定结果彼此间接近的程度。显然,精密不一定准确,但高的准确度一定要以高精密度作保证。精密度用偏差表示,偏差愈大,精密度愈低。偏差也有绝对偏差和相对偏差。

$$单次测定的绝对偏差(absolute\ deviation)=单次测定值(x)-平均值(\bar{x})$$

$$单次测定的相对偏差=\frac{d_i}{\bar{x}}\times 100(\%)$$

由上可知,误差和偏差是两个不同的概念。误差是以真实值为基础的,而偏差是以平均值为基础的。偏差仅与测定的偶然误差有关,其大小体现了多次测定结果的“重复性”。但由于真实值是未知的,所以在实际工作中讨论的误差仍然是偏差。为此常采用允许公差来表示允许误差。测定结果如超过允许的公差范围,称为“超差”,应重作。

除用绝对偏差和相对偏差来检验测定结果的偏差大小外,常用的还有平均偏差、相对平均偏差、标准偏差等。

$$平均偏差(\bar{d})=\frac{|d_1|+|d_2|+\cdots\cdots|d_n|}{n}$$

$$=\frac{\sum_{i=1}^{n}|x_i-\bar{x}|}{n}$$

相对平均偏差 $=\times 100\%$

$$标准偏差(\sigma)=\sqrt{\frac{\sum_{i=1}^{n}(x_i-\mu)^2}{n-1}}$$

式中:μ—总体平均值。

在实际工作中,通常仅做有限次($n<20$)的测定,因此不用总体平均值(或称统计平均值)μ,而用几次测定的算术平均值 $\bar{X}$。此时的标准偏差(或称标准差、均方根偏差)以 S 表示:

$$标准偏差(S)=\sqrt{\frac{d_1^2+d_2^2+\cdots\cdots+d_n^2}{n-1}}$$

$$=\sqrt{\frac{\sum_{i=1}^{n}(x_i-\bar{x})^2}{n-1}}$$

标准偏差在平均值中所占百分比称为变动系数或相对标准差:

$$变动系数(v)=\frac{S}{\bar{x}}\times 100\%$$

例如,测定某饲料中粗蛋白质含量的 5 次结果及偏差计算列于表 1－7。

表 1－7　测定结果及偏差计算

n	$x_i(\%)$	$\lvert x_i - \bar{x}\rvert$	$(x_i - \bar{x})^2$
1	4.316	0.004	16×10^{-6}
2	4.328	0.008	64×10^{-6}
3	4.325	0.005	25×10^{-6}
4	4.310	0.010	100×10^{-6}
5	4.323	0.003	9×10^{-6}
	$\bar{x}=4.320$	$\sum=0.030$	$\sum=214\times10^{-6}$

则:

$$\text{平均偏差 } d=\frac{0.030}{5}=0.006$$

$$\text{相对平均偏差}=\frac{0.006}{4.320}\times100=0.14(\%)$$

$$\text{标准偏差 } S=\sqrt{\frac{214\times10^{-6}}{5-1}}=0.0065$$

$$\text{变动系数 } v=\frac{S}{\bar{x}}\times100=0.15(\%)$$

为了估计在消除系统误差之后样品的真实含量,即在一定置信水平(t)下的可靠性区间,可由下式计算:

$$\text{可靠性区间}=\bar{x}\pm\frac{S}{\sqrt{n}}$$

式中的 t 是随置信水平和测定次数而变的系数,可通过 t 值表查得。

如上例中,若置信水平为 95%,$n=5$ 时,由表 1－8 查得 $t=2.776$,则

$$\text{可靠性区间}=4.320\pm\frac{2.776\times0.0065}{\sqrt{5}}=4.320\pm0.008$$

因此通过 5 次测定,我们有 95% 的把握说,该饲料中粗蛋白的含量为 4.320% ±0.008%,或者说在 4.312% ~4.328% 之间。

表 1－8　t 值表

测定次数 n	自由度 $n-1$	置信水平				
		50%	90%	95%	99%	99.5%
2	1	1.000	6.314	12.706	63.657	127.32
3	2	0.816	2.920	4.303	9.925	14.089
4	3	0.765	2.353	3.182	5.841	7.453
5	4	0.741	2.132	2.776	4.604	5.598
6	5	0.727	2.015	2.571	4.032	4.773
7	6	0.718	1.943	2.447	3.707	4.317
8	7	0.711	1.895	2.365	3.500	4.029
9	8	0.706	1.860	2.306	3.355	3.832
10	9	0.703	1.833	2.262	3.250	3.690
11	10	0.700	1.812	2.228	3.169	3.581
21	20	0.687	0.725	2.086	2.845	3.153
∞	∞	0.674	1.645	1.960	2.576	2.807

三、可疑数据的取舍

多次平行测定所得的一组数据，总有一定的离散性，这是由偶然误差引起的，属于正常情况。但有时会出现个别偏离较大的数据，对此应合理取舍。如确属过失误差造成，应将其舍弃，否则会严重影响到平均值。个别偏离较大，而又不能确定是由于过失误差造成，即仍属于偶然误差范畴的可疑数据，应按以下方法判断来决定取舍。

1. 4$\bar{d}$ 法

先求不包括可疑数据的其余数据的平均值 $\bar{x}$ 和平均偏差 $\bar{d}$；再求可疑数据 x 与平均值 $\bar{x}$ 之差的绝对值 $|x-\bar{x}|$；如 $|x-\bar{x}| > 4\bar{d}$ 或 $\frac{|x-\bar{x}|}{\bar{d}} > 4$，此数据应舍弃，否则应保留。

例如，测定某饲料中钙含量的 5 次结果为 1.24%、1.02%、1.21%、1.31%、1.28%，其中 1.02% 为可疑数据，应判断其舍取。

$$\bar{x} = \frac{1.24 + 1.21 + 1.31 + 1.28}{4} = 1.26(\%)$$

$$\bar{d} = \frac{0.02 + 0.05 + 0.05 + 0.02}{4} = 0.035(\%)$$

$$|x - \bar{x}| = |1.02 - 1.26| = 0.24\%$$

即，$|x - \bar{x}| > 4\bar{d}$，可疑数据 1.02 应舍弃。

$4\bar{d}$ 法有计算方便的优点，但不够严格，只适合于测定次数为 4 ~ 8 间的可疑数据处理。

2. Q 检法

先求该组数据的极差（最大值 x_{max} 与最小值 x_{min} 之差）；再求可疑数据 x 与最邻近数据 x′之差；然后按下式计算 Q 值：

$$Q = \frac{|x - x'|}{x_{max} - x_{min}}$$

查 Q0.90 值表（Q0.90 指置信水平为90%的 Q 值，见表1－9）如 Q > Q0.90，则该可疑数据应舍弃；反之应保留。

如上例中 $x_{max} - x_{min} = 1.31 - 1.02 = 0.29$

$$|x - x'| = |1.02 - 1.21| = 0.19$$

$$Q = \frac{0.19}{0.29} = 0.66$$

查 Q0.90 表，当 $n = 5$ 时，Q0.90 = 0.64，即 Q > Q0.90。故可疑数据 1.02% 应舍弃。

Q 检法符合数据统计原理，较 $4\bar{d}$ 法严格，适用于 $n = 3 \sim 10$ 间的可疑数据处理。

表 1－9　Q0.90 值表

测定次数(n)	3	4	5	6	7	8	9	10
Q0.90 值	0.94	0.76	0.64	0.56	0.51	0.47	0.44	0.41

四、标准曲线的回归

标准曲线（又称为工作曲线）法广泛应用于光度、色谱、极谱等各种方法的定量分析中。通过测定一系列不同浓度标准溶液的物理或物理化学参数（如吸光度、荧光强度、色谱峰高或峰面积、极谱波高等），然后以浓度作横坐标（自变量 x），以测得的参数为纵坐标（变量 y）作图，连接各对应点可得到一条直线。测定待测液的参数，即可从直线上查得相应的浓度。但是，由于测量中存在误差，所以这些点不全在直线上，而是散落于直线两旁。因此，根据测得的一组数据，用回归法求得这条合理直线或这条直线的数学方程，才有可能求得待测的准确浓度。

自变量 x 与变量 y 间的直接关系，可用如下数学式表示：

$$y = ax + b$$

式中的 b 为直线在 y 坐标上的截距，而 a 为直线的斜率，a 和 b 可通过下式求得：

$$a = \frac{n\Sigma xy - \Sigma x\Sigma y}{n\Sigma x^2 - (\Sigma x)^2}$$

$$b = \bar{y} - a\bar{x}$$

例如，用邻菲啰啉比色法测定饲料中铁时，测得的标准溶液吸光度列入表 1－10。标准曲线的回归方程式为：

$$\bar{x} = 10.5/7 = 1.50$$

$$\bar{y} = 2.46/7 = 0.351$$

$$a = \frac{7 \times 5.02 - 10.5 \times 2.46}{7 \times 22.75 - (10.5)^2}$$

$$= 0.19$$

$$b = \frac{2.46}{7} - 0.19 \times \frac{10.5}{7} = 0.066$$

标准曲线的回归方程式为；

$$y = 0.19x + 0.066$$

若测得的待测液吸光度为 0.32，代入上式可求得其浓度为 1.33 ppm。

表 1－10　标准溶液吸光度

测定次数(n)	标准浓度(ppm)(x)	吸光度(y)	x^2	y^2	xy
1	0	0.07	0	0.0049	0
2	0.50	0.15	0.25	0.0225	0.075
3	1.00	0.25	1.00	0.0156	0.250
4	1.50	0.38	2.25	0.144	0.570
5	2.00	0.42	4.00	0.177	0.840
6	2.50	0.57	6.25	0.325	1.425
7	3.00	0.62	9.00	0.384	1.860
Σ	10.50	2.46	22.75		5.02

第二章　饲料营养成分分析

实验五　干物质的测定

一、目的

掌握风干样本中干物质的测定方法，并测定试样中干物质的含量。会换算新鲜样本中干物质含量。

二、原理

饲料中营养物质，包括有机物质与无机物质均存在于饲料的干物质中。饲料中干物质含量的多少与饲料的营养价值及家畜的采食量均有密切关系。风干饲料例如各种籽实饲料、油饼、糠麸、秸秆、秕壳、青干草、鱼粉、血粉等可以直接在100～105℃温度下烘干，烘去饲料中蛋白质、淀粉及细胞膜上的吸附水，得到风干饲料中干物质量。含水分多的新鲜饲料如青饲料、青贮饲料、多汁饲料以及畜粪和鲜肉等均可先测定初水分后制成半干样本，再在100～105℃温度下烘干，测得半干样本中的干物质量，而后计算新鲜饲料或鲜粪或肉中干物质量。

测定尿中干物质的方法，系将定量的尿液吸收于已知重量的滤纸上，烘干滤纸，再吸收一定量的尿，再烘干，重复数次。吸收尿液的烘干滤纸重量减去原滤纸重量即为吸收尿液总量中的干物质的量。

本法适用于测定配合饲料及单一饲料中的吸附水含量。对用作饲料的奶制品、植物及动物的油脂等除外。

三、仪器设备

(1)实验室用样品粉碎机或研钵；

(2)分样筛:孔径0.45 mm(40目);

(3)分析天平:感量0.000 1 g;

(4)电热式恒温烘箱:可控制温度为(105±2)℃;

(5)称量瓶:玻璃或铝制,直径40 mm以上、高25 mm以下;

(6)干燥器:用氯化钙(干燥试剂)或变色硅胶作干燥剂。

四、测定步骤

1. 称量瓶恒重

将洁净称量瓶放于(105±2℃)烘箱中,开盖烘1 h。用坩埚钳盖好称量瓶盖子,然后迅速将称量瓶移入干燥器中冷却30 min,称准至0.000 2 g。再烘干30 min,同样冷却,称重,直至两次重量之差小于0.000 5 g为恒重。并以较低的数值作为称量瓶重(记为W_0)。

2. 称样

用已恒重的称量瓶称取两份平行试样,每份2~5 g(含水重0.1 g以上,样品厚度4 mm以下)并准确至0.000 2 g,为105℃烘干前试样的重量(记为m)。

3. 样品恒重

将装样后的称量瓶放在(105±2℃)烘箱中,开盖烘6~8 h(以温度到达105℃开始计时)。用坩埚钳盖好称量瓶盖,然后迅速将称量瓶移入干燥器中冷却30 min,称重。再同样烘干1 h,冷却,称重,直至两次称重之重量差小于0.002 g为恒重。并以较低的数值作为105℃烘干后试样及称量瓶的总重(记为W_1)。

4. 测定结果的计算

计算公式如下(风干基础):

$$干物质(\%) = \frac{W_1 - W_0}{m} \times 100$$

五、说明

(1)每个试样应取两个平行样进行测定,以其算术平均值为结果。两个平行样测定值相差不得超过0.2%,否则应重做。

(2)若试样进行过风干处理(指多汁的鲜样),则可按下式换算为新鲜试样中所含干物质含量:

新鲜试样中干物质(%)=[100-初水分(%)]×风干样中干物质(%)

(3)某些含脂肪高的样品,烘干时间长反而增重,此乃脂肪氧化所致。在这种情况下,测定样本中干物质需在真空烘箱或装有二氧化碳的特殊烘箱中进行。

(4)含糖分高的易分解或易焦化试样,应使用减压干燥法(70℃,600 mm 汞柱以下,烘干 5 h)测定水分。

实验六　粗蛋白质的测定(常量凯氏定氮法)

一、目的

掌握粗蛋白质的测定方法,并测定试样中粗蛋白质的含量。

二、原理

凯氏定氮法测定试样中的含氮量,即在催化剂作用下,用硫酸破坏有机物,使含氮物转化成硫酸铵。加入强碱进行蒸馏使氨逸出,用硼酸吸收后,再用酸滴定,测出氮含量,将结果乘以换算系数 6.25,计算出粗蛋白含量。其主要化学反应如下:

(1)$2NH_2(CH_2)_2COOH + 13H_2SO_4 \rightarrow (NH_4)_2SO_4 + 6CO_2\uparrow + 12SO_2\uparrow + 16H_2O$
(丙氨酸)

(2)$(NH_4)_2SO_4 + 2NaOH \rightarrow 2NH_3\uparrow + 2H_2O + Na_2SO_4$

(3)$4H_3BO_3 + NH_3 \rightarrow NH_4HB_4O_7 + 5H_2O$

(4)$NH_4HB_4O_7 + HCl + 5H_2O \rightarrow NH_4Cl + 4H_3BO_3$

三、仪器设备

(1)实验室用样品粉碎机或研钵;

(2)分样筛:孔径 0.45 mm(40 目);

(3)分析天平:感量 0.0001 g;

(4)消化炉;

(5)滴定管:酸式,25 mL;

(6)消化管:250 mL;

(7)凯式定氮仪;

(8)锥形瓶:150 mL。

四、试剂

(1)浓硫酸(GB 625):化学纯,含量为98%,无氮。

(2)混合催化剂:0.4 g 五·水硫酸铜(GB 665),6 g 硫酸钾(HG 3—920)或硫酸钠(HG 3—908),均为化学纯,磨碎混匀。

(3)氢氧化钠(GB 629):化学纯,40%水溶液(m/v)。

(4)硼酸(GB 628):化学纯,2%水溶液(m/v)。

(5)混合指示剂:甲基红(HG 3—958)0.1%乙醇溶液,溴甲酚绿(HG 3—1220)0.5%乙醇溶液,两溶液等体积混合,在阴凉处的保存期为三个月。

(6)盐酸标准溶液:邻苯二甲酸氢钾法标定,按 GB 601 制备。

①盐酸标准溶液:$c(HCl)=0.1$ mol/L。取 8.3 mL 盐酸(GB 622,分析纯),用蒸馏水定容至 1000 mL。

②盐酸标准溶液:$c(HCl)=0.02$ mol/L。1.67 mL 盐酸(GB 622,分析纯),用蒸馏水定容至 1000 mL。

(7)蔗糖(HG 3—100):分析纯。

(8)硫酸铵(GB 1396):分析纯,干燥。

五、测定步骤

1. 消化

用洁净的称量纸称取试样 0.5～1 g(含氮量 5～80 mg),准确至 0.000 2 g(分析天平),将称样纸卷成筒状,小心无损地将试样送入已洗净、烘干的消化管底部。然后加入混合催化剂 3.2 g,并与试样混合均匀。继续向消化管中加入 12 mL 浓硫酸(注意:加浓硫酸时一定要戴乳胶手套),将消化管置于消化炉上加热,开始小火,待样品焦化,泡沫消失后,再加强火力(360～410℃)直至消化液呈透明的蓝绿色,然后再继续小火加热,至少 2 h。待其冷却后全部作为试样分解液待蒸馏。

2. 氨的蒸馏

使用凯氏定氮仪前先检查其气密性,确定密封完好后,对凯氏定氮仪管路清洗 3～4 次后进行试样分解液的蒸馏。将凯氏定氮仪的冷凝管末端浸入装有 20 mL

硼酸吸收液和2滴混合指示剂的锥形瓶内,然后加入过量碱开始蒸馏。蒸馏完成后降下锥形瓶,使冷凝管末端离开吸收液面,再蒸馏1min,用蒸馏水冲洗冷凝管末端,洗液均流入锥形瓶内,然后停止蒸馏。

3. 滴定

蒸馏后的吸收液立即用0.1 mol/L或0.02 mol/L盐酸标准溶液滴定,溶液由蓝绿色变成灰红色为滴定终点。

4. 空白测定

称取蔗糖0.5 g,代替试样,按前述方法进行空白测定,消耗0.1 mol/L盐酸标准溶液的体积不得超过0.2 mL。消耗0.02 mol/L盐酸标准溶液的体积不得超过0.3 mL。

5. 测定结果的计算

计算公式如下(风干基础):

$$\text{粗蛋白质}(\%) = \frac{(V_1 - V_0) \times C \times 0.014 \times 6.25}{m} \times 100(\%)$$

式中:V_1—滴定试样时所需标准盐酸溶液的体积(mL);

V_0—滴定空白时所需标准盐酸溶液的体积(mL);

C—盐酸标准溶液的浓度(mol/L);

m—试样质量(g);

0.014—与1.00mL盐酸标准溶液[c(HCl) = 1.000 mol/L]相当的、以克表示的氮的质量;

6.25—氮换算成蛋白质的平均系数。

六、说明

1. 每个试样应取两个平行样进行测定,以其算术平均值为结果

当粗蛋白质含量大于25%时,允许相对偏差为1%;当粗蛋白质含量在10% ~ 25%之间时,允许相对偏差为2%;当粗蛋白质含量小于10%时,允许相对偏差为3%。

2. 蒸馏步骤的检验

精确称取0.2 g硫酸铵,代替试样,按蒸馏步骤进行操作,测得硫酸铵的含氮量为(21.19 ±0.2)%,否则应检查加碱、蒸馏和滴定各步骤是否正确。

实验七　粗脂肪的测定

一、目的

掌握粗脂肪的测定方法，并测定试样中粗脂肪的含量。

二、原理

(1)索氏浸提法

饲料样本中的油脂可溶于乙醚等有机溶剂，在索氏脂肪提取器(见图2-1)中用乙醚反复浸提试样，使溶于乙醚中的脂肪随乙醚流注于盛醚瓶中，由于乙醚和脂肪的沸点不同，通过控制水浴温度，蒸发盛醚瓶中的乙醚，则盛醚瓶所增加的重量即为该试样的脂肪量。

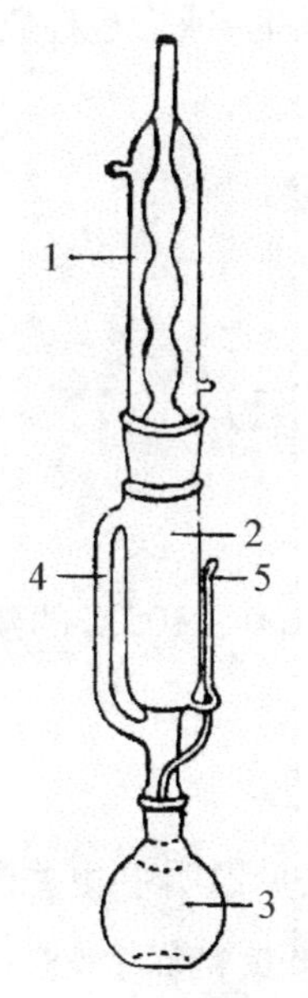

图2-1　索氏脂肪提取器

1. 冷凝器;2. 抽脂腔;3. 盛醚瓶;4. 蒸汽管;5. 虹吸管

(2)鲁氏残留法

在索氏脂肪提取器中用乙醚反复浸提试样后,从抽提管中取出装有试样的滤纸包,然后称重,则滤纸包所失去的重量即为该试样的脂肪量。

三、仪器设备

(1)实验室用样品粉碎机或研钵;

(2)分样筛:孔径0.45 mm(40目);

(3)分析天平:感量0.000 1 g;

(4)电热恒温水浴锅:室温~100℃;

(5)恒温烘箱:50~200℃;

(6)索氏脂肪提取器;

(7)滤纸或滤纸筒:中速,脱脂;

(8)称量瓶:直径60 mm、高30 mm;

(9)干燥器:用氯化钙(干燥试剂)或变色硅胶作干燥剂。

四、试剂

无水乙醚(分析纯)

五、测定步骤(鲁氏残留法)

1. 索氏脂肪提取器的准备

将索氏脂肪提取器洗净,在100~105℃的烘箱内烘干后安装,并检查其严密性。

2. 滤纸包恒重及称样

将折叠好的滤纸包(折叠方法见说明中相关内容),放入洗净并与滤纸包编号一致的称量瓶内。用玻璃纸准确称取试样1~5 g(记为风干试样重量m),称准至0.000 2 g,装入已编号的滤纸包内,与对应称量瓶一起放入(105±2)℃烘箱中烘干3 h,取出恒重,方法同干物质的测定,以较低的数值作为“滤纸包+称量瓶+全干试样”总重(记为W_1)。

3. 粗脂肪的抽提

①装样：用长柄镊子将滤纸包放入抽提腔内，由抽提腔上口加乙醚，加至虹吸管高度2/3处即可，然后过夜浸泡滤纸包。

②抽提：抽提前，先将乙醚加至虹吸管高度处，则乙醚自动流入盛醚瓶中，再加乙醚至虹吸管2/3处；然后设置水浴为60～75℃（冬季可适当提高水浴温度）进行加热，同时打开冷凝水，使乙醚回流，控制乙醚回流次数为10次/h，共回流约50次（含粗脂肪高的试样约70次）或检查抽提管流出的乙醚挥发后不留下残痕为抽提终点。

4. 残样包的恒重

抽提完毕后，取出滤纸包放入称量瓶中，称量瓶盖稍留缝隙，先置通风橱中10～30 min，使残样包中的乙醚彻底挥发，然后将其放入烘箱中。先使烘箱门开五分之一，在60℃左右烘约30 min，以驱出样包中残余的乙醚（严格遵守此操作规程，否则会酿成严重事故）。然后再升高温度至（105±2）℃，烘干2 h，在干燥器中冷却30 min，称重（准确至0.000 2 g）。再烘干1 h，同样冷却，称重，直至两次重量之差小于0.000 5 g为恒重。并以较低的数值作为"滤纸包+称量瓶+残样"重（记为W_2）。

5. 乙醚回收

取出滤纸包后，将索氏脂肪提取器安装好，再回流一次，以冲洗抽提管。继续蒸馏，当抽提管中乙醚到虹吸管高度的2/3时，向虹吸管一侧倾斜抽提管，则可由抽提管下口回收乙醚。如此反复，直至盛醚瓶中乙醚约为原来的五分之一时为止。

6. 测定结果的计算

计算公式如下（风干基础）：

$$粗脂肪(\%)=\frac{W_1-W_2}{m}\times 100$$

六、说明

（1）每个试样应取两个平行样进行测定，以其算术平均值为结果。当粗脂肪含量大于10%（含10%）时，允许相对偏差为3%；当粗脂肪含量小于10%时，允许相对偏差为5%。

(2)索氏脂肪提取器应于实验前洗净并烘干,否则会因试样中某些养分溶于水而造成误差。实验所用乙醚也应为无水乙醚。

(3)样本的粗脂肪含量不同时,抽提时间不尽相同,可参照下表经验数据决定:

估计粗脂肪含量(%)	抽提时间(小时)
5 以下	8
5—20	12
20 以上	16

(4)滤纸包的折叠方法:①将 φ15 cm 的滤纸纵折一半,在距开口一侧 1.5 cm 处连续向内折叠两次,即得到一个宽为 4.5 cm 的双层滤纸条(见图 2-2a、2-2b);②将此双层滤纸条的下端向右直角折叠,使横边宽 4.5 cm(见图 2-2c);③再将突出部分折向背侧(见图 2-2d),在滤纸条下方即可得一等边直角三角形;④将该三角形的下侧方的一角向上沿滤纸条垂直方向折起约 3.5 cm,则形成一纸袋(见图 2-2e);⑤将突出的小角向内折叠插入纸袋(见图 2-2f),即完成滤纸包一端的封闭。然后,同样的方法可将滤纸包的另一端封闭。另外,折叠或装样于滤纸包时,必须将手洗净或戴上干净手套操作。

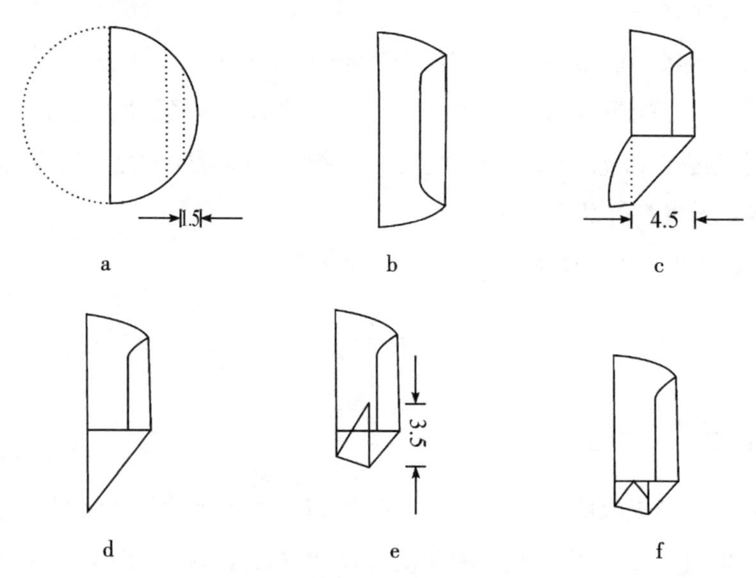

图 2-2 滤纸包折叠方法(单位:cm)

实验八　粗纤维的测定

一、目的

掌握粗纤维的测定方法,并测定试样中粗纤维的含量。

二、原理

用浓度准确的酸和碱,在特定条件下消煮脱脂样品,再用乙醇除去可溶物,经高温灼烧扣除矿物质的量,所余量为粗纤维。它不是一个确切的化学实体,只是在公认强制规定的条件下测出的概略成分,其中以纤维素为主,还有少量半纤维素和木质素。

三、仪器设备

(1)实验室用样品粉碎机;

(2)分样筛:孔径 0.45 mm,(40 目);

(3)分析天平:感量 0.000 1 g;

(4)纤维分析仪;

(5)滤袋;

(6)恒温烘箱:可控制温度在 130℃;

(7)茂福炉:有高温计,可控制温度在 500 ~ 600℃;

(8)坩埚:30 mL;

(9)干燥器:以氯化钙或变色硅胶为干燥剂。

四、试剂

本方法使用分析纯试剂,水为蒸馏水。标准溶液按 GB 601 制备。

(1)1.25% 硫酸(GB 625)溶液:(0.128 ± 0.005) mol/L,氢氧化钠标准溶液标定,GB 601。

(2)1.25%氢氧化钠(GB 629)溶液:(0.313 ±0.005) mol/L,邻苯二甲酸氢钾法标定 GB 601。

(3)丙酮($C_4h_{10}O_2$)(化学纯)

(4)正辛醇($C_8H_{18}O$,防泡剂)。

五、测定步骤

1. 称样

称取1 ~2 g试样(准确至0.000 2 g),为试样重量(记为m)。然后将试样装于滤袋中,用乙醚脱脂(含脂肪大于10%必须脱脂,含脂肪不大于10%,可不脱脂)后放置于纤维分析仪内待处理。

2. 酸处理

向纤维分析仪中加浓度准确且已沸腾的1.25%的硫酸溶液(每个试样加入200 mL,纤维分析仪中最多加至1900 mL)和正辛醇,立即加热,应使其在2 min内沸腾,且连续微沸30 min。随后将滤袋中残渣用沸蒸馏水洗至中性(可用蓝色石蕊试纸检验)后抽干。

3. 碱处理

继续向纤维分析仪中加入浓度准确且已沸腾的1.25%的氢氧化钠溶液(每个试样加入200 mL,纤维分析仪中最多加至1900 mL),立即加热,在2 min内沸腾,且连续微沸30 min,然后抽滤。随后先用25 mL硫酸溶液洗涤滤袋,然后用沸蒸馏水洗至中性(可用红色石蕊试纸检验)。

4. 丙酮处理

若试样为脱脂样,可省去此步。若未经脱脂处理,则应用乙醚进行洗涤,抽干。

5. 烘干

将装有残样的滤袋放入已编号的坩埚中,在烘箱内于(130 ±2)℃下烘干2 h,取出后在干燥器中冷却30 min,称重,为130℃烘干后坩埚及装有试样残渣的滤袋重(记为W_1)。

6. 灼烧

将装有试样的坩埚置于(550 ±25)℃茂福炉中灼烧30 min,取出后在干燥器中冷却 30 min，称重，为 550℃灼烧后坩埚及装有试样残渣的滤袋重（记为 W_2）。

7. 空白测定

按前述方法用空滤袋进行空白测定，称量 130℃烘干后坩埚及洗涤后的滤袋重（记为 W_1'）和 550℃灼烧后坩埚及滤袋重（记为 W_2'）。

8. 测定结果的计算

计算公式如下（风干基础）：

$$粗纤维(\%) = \frac{(W_1 - W_1') - (W_2 - W_2')}{m} \times 100$$

六、说明

（1）每个试样应取两个平行样进行测定，以其算术平均值为结果。当粗纤维含量小于 10% 时，允许绝对值相差 0.4；粗纤维含量大于 10% 时，允许相对偏差为 4%。

（2）粗纤维的测定是在公认强制规定的条件下进行的，因此测定时要严格按照实验中所要求的试剂规格、操作程序进行，否则数据无意义。

（3）能量饲料（如玉米、大麦等）淀粉含量高，在所称适量（1～2 g）试样中加入 0.5 g 处理过的石棉，然后再进行酸处理，这样便于过滤。

附　中性洗涤纤维（NDF）和酸性洗涤纤维（ADF）测定

传统的粗纤维测定法和无氮浸出物的计算均不能反映饲料被家畜利用的真实情况，因为粗纤维测定法的测定结果为一组复合物，其中包括部分半纤维素和纤维素，以及大部分木质素。同时，溶解于配碱溶液中的部分半纤维素、少量纤维素和木质素又被计入无氮浸出物中。范氏（Van Soest）的洗涤纤维分析法可准确测定植物性饲料中所含的半纤维素、纤维素、木质素及酸不溶灰分的含量，对传统的粗纤维测定法进行了改革。

一、原理

植物性饲料经中性洗涤剂（3% 十二烷基硫酸钠）煮沸处理，溶解于洗涤剂中的为细胞内溶物，其中包括脂肪、蛋白质、淀粉和糖，统称为中性洗涤可溶物（NDS）。不溶物的残渣为中性洗涤纤维（NDF），主要为细胞壁成分，其中包括半纤维素、纤维素、木质素和硅酸盐。

中性洗涤纤维（NDF）经酸性洗涤剂（十六烷三甲基溴化铵）处理，溶于酸性洗涤剂的部分称为酸性洗涤可溶物（ADS），其中包括中性洗涤可溶物（NDS）和半纤维素。剩余的残渣为酸性洗涤纤维（ADF），其中包括纤维素、木质素和硅酸盐。

酸性洗涤纤维（ADF）经72%硫酸处理，纤维素被溶解，剩余的残渣为木质素和硅酸盐，从酸性洗涤纤维（ADF）值中减去72%硫酸处理后的残渣为饲料的纤维含量。

将72%硫酸处理后的残渣进行灰化，其灰分为饲料中硅酸盐的含量，在灰化过程中逸出的部分为酸性洗涤木质素（ADL）的含量。

二、仪器设备

（1）实验室用样品粉碎机；

（2）分样筛：孔径0.45 mm，（40目）；

（3）分析天平：感量0.0001 g；

（4）纤维分析仪；

（5）滤袋；

（6）恒温烘箱：可控制温度在130℃；

（7）茂福炉：有高温计，可控制温度在500～600℃；

（8）坩埚：30 mL；

（9）干燥器：以氯化钙或变色硅胶为干燥剂。

三、试剂

（1）中性洗涤剂（3%十二烷基硫酸钠）

准确称取18.6 g乙二胺四乙酸二钠（EDTA，$C_{10}H_{14}N_2O_8Na_2 \cdot 2H_2O$，化学纯）和6.8 g硼酸钠（$Na_2B_4O_7 \cdot 10H_2O$，化学纯）放入烧杯中，加入少量蒸馏水，加热溶解后，再加入30 g十二烷基硫酸钠（$C_{12}H_{25}NaO_4S$，化学纯）和10 mL乙二醇乙醚（$C_4H_{10}O_2$，化学纯）；再称取4.56 g无水磷酸氢二钠（Na_2HPO_4，化学纯）置于另一烧杯中，加入少量蒸馏水微微加热溶解后，倒入前一烧杯中，在容量瓶中稀释至1000 mL，其 pH 值约为6.9～7.1（pH 值一般无须调整）；

（2）酸性洗涤剂（2% 十六烷三甲基溴化铵）

称取20 g 十六烷三甲基溴化铵（CTAB，化学纯）溶于1000 mL 1N 硫酸，必要时过滤。

（3）1N 硫酸

量取约27.87 mL 浓硫酸（化学纯，比重1.84，96%），徐徐加入已装有500 mL 蒸馏水的烧杯中，冷却后注入1000 mL 容量瓶定容，标定；

（4）无水亚硫酸钠（Na_2SO_3）（化学纯）；

（5）丙酮（CH_3COCH_3）（化学纯）；

（6）正辛醇（$C_8H_{18}O$，防泡剂）（化学纯）。

四、操作步骤

1. 中性洗涤纤维测定

（1）称样　称取1～2 g 试样，准确至0.000 2 g，为试样重量（记为 m）。然后将样品装于滤袋中，用乙醚脱脂（含脂肪大于10% 必须脱脂，含脂肪不大于10%，可不脱脂）后放置于纤维分析仪内待处理。

（2）中性洗涤剂处理　向纤维分析仪中加浓度准确且已沸腾的中性洗涤剂（每个试样加入200 mL，纤维分析仪中最多加至1900 mL）和数滴正辛醇和无水亚硫酸钠（每个试样加入0.5 g），立即加热，应使其在5～10 min 内沸腾，且连续微沸30 min。随后将滤袋中残渣用沸蒸馏水洗至中性（可用兰色石蕊试纸检验）后抽滤。

（3）丙酮处理　用丙酮分两次洗涤样品，抽滤。

（4）烘干　将装有残样的滤袋放入已编号的坩埚中，在烘箱内于130±2℃下烘干2 h，取出后在干燥器中冷却30 min，称重，为130℃烘干后坩埚及装有试样残渣的滤袋重（记为 W_1）。

（5）灼烧　将装有试样的坩埚再于（550±25）℃高温炉中灼烧30 min，取出后于干燥器中冷却30 min 称重，为550℃灼烧后坩埚及装有试样残渣的滤袋重（记为 W_2）。

（6）空白测定　按前述方法用空滤袋进行空白测定，称重130℃烘干后坩埚及洗涤后的滤袋重（记为 W_1'）和550℃灼烧后坩埚及滤袋重（记为 W_2'）。

2. 酸性洗涤纤维测定

（1）称样　称取1～2 g试样，准确至0.000 2 g，为试样重量（记为 m）。然后将样品装于滤袋中，用乙醚脱脂（含脂肪大于10%必须脱脂，含脂肪不大于10%，可不脱脂）后放置于纤维分析仪内待处理。

（2）酸性洗涤剂处理　向纤维分析仪中加浓度准确且已沸腾的酸性洗涤剂（每个试样加入200 mL，纤维分析仪中最多加入1900 mL）和数滴正辛醇和无水亚硫酸钠（每个试样加入0.5 g），立即加热，应使其在5～10 min内沸腾，且连续微沸30 min。随后将滤袋中残渣用沸蒸馏水洗至中性（可用兰色石蕊试纸检验）后抽滤。

（3）丙酮处理　用丙酮分两次洗涤样品，抽滤。

（4）烘干　将装有残样的滤袋放入已编号的坩埚中，在烘箱内于130±2℃下烘干2 h，取出后在干燥器中冷却30 min，称重，为130℃烘干后坩埚及装有试样残渣的滤袋重（记为 W_1）。

（5）灼烧　将装有试样的坩埚再于（550±25）℃高温炉中灼烧30 min，取出后于干燥器中冷却30 min称重，为550℃灼烧后坩埚及装有试样残渣的滤袋重（记为 W_2）。

（6）空白测定　按前述方法用空滤袋进行空白测定，称重130℃烘干后坩埚及洗涤后的滤袋重（记为 W_1'）和550℃灼烧后坩埚及滤袋重（记为 W_2'）。

3. 酸性洗涤木质素（ADL）和酸不溶灰分（AIA）测定

在酸性洗涤纤维中加入72%硫酸，20℃消化3 h，过滤，并冲洗至中性。消化过程中溶解部分为纤维素，不溶解的残渣为酸性洗涤木质素和酸不溶灰分，将残渣烘干并灼烧灰化后即可得出酸性洗涤木质素和酸不溶灰分的含量。

五、结果计算

1. 中性洗涤纤维（NDF）含量的计算：

$$NDF(\%) = \frac{(W_1 - W_1') - (W_2 - W_2')}{m} \times 100$$

2. 酸性洗涤纤维（ADF）含量的计算：

$$ADF(\%) = \frac{(W_1 - W_1') - (W_2 - W_2')}{m} \times 100$$

3. 半纤维素含量的计算：

$$半纤维素(\%) = NDF - ADF$$

4. 纤维素含量的计算：

$$纤维素(\%) = ADF - 经72\%硫酸处理后的残渣(\%)$$

5. 酸性洗涤木质素(*ADL*)含量的计算：

$$ADL(\%) = 残渣(\%) - 灰分(硅酸盐,\%)$$

6. 酸不溶灰分(*AIA*)含量的计算：

$$AIA(\%) = 残渣(\%) - \mathrm{ADL}(\%)$$

实验九　粗灰分的测定

一、目的

掌握粗灰分的测定方法，并测定试验中的粗灰分(矿物质)含量。

二、原理

试样在550℃灼烧后所得残渣，称为灰分(矿物质)。残渣中主要是氧化物、盐类等矿物质，也包括混入饲料中的砂石、土等，故称粗灰分。在灼烧过程中，试样中的有机物质因被氧化而逸失。

三、仪器设备

(1)实验室用样品粉碎机或研钵；

(2)分样筛：孔径0.45 mm(40目)；

(3)分析天平：感量0.000 1 g；

(4)茂福炉：有高温计且可控制炉温在(550 ±20)℃；

(5)坩埚：瓷质，容积30 mL；

(6)干燥器：用氯化钙(干燥试剂)或变色硅胶作干燥剂。

四、测定步骤

1. 坩埚恒重

新购坩埚用25%盐酸溶液浸泡1 ~2 h，用水冲洗干净、晾干。将编好号的坩埚放入茂福炉中，(550±20)℃下灼烧30 min，用坩埚钳取出，空气中冷却约1 min，再放入干燥器冷却30 min，称重。再重复灼烧、冷却、称重，直至两次重量之差小于0.000 5 g为恒重，并以较低数值为坩埚重量(记为W_0)。

2. 称样及炭化

在分析天平上用已恒重的坩埚称取2~5 g样品(准确至0.000 2 g)，并记录样品重量(记为风干样品重m)。在茂福炉内小心炭化，并注意将坩埚盖打开一部分，便于气体流通。在炭化过程中，应先在低温条件下进行，否则可能由于物质进行剧烈的干馏而使部分试样颗粒被逸出的气体带走(这点非常重要，须特别注意)。待试样灼烧至无烟后再升温灼烧，进行灰化。

3. 灰化

炭化后将炉温升至(550±20)℃下灼烧3 h，至样品无炭粒，取出，在空气中冷却约1 min，放入干燥器冷却30 min，称重。再同样灼烧1 h，冷却，称重，直至两次重量之差小于0.001 g为恒重，并以较低数值为灰化后“坩埚+灰分”重量(记为W_1)。

4. 测定结果的计算

计算公式如下(风干基础)：

$$粗灰分(\%)=\frac{W_1-W_0}{m}\times 100$$

五、说明

(1)每个试样应称两份平行样进行测定，以其算术平均值为分析结果。当粗灰分含量大于5%时，允许相对偏差为1%；粗灰分含量小于5%时，允许相对偏差为5%。

(2)若为新坩埚，则需用三氯化铁墨水溶液在厂标旁编号。

(3)坩埚加高热后，坩埚钳应烧热后再夹坩埚。

(4)用电炉炭化时应小心，以防炭化过快，试样飞溅。

(5)灰化后样品应呈白灰色，但其颜色与试样中各元素含量有关，含铁高为红棕色，含锰高为淡蓝色。如有黑色炭粒时，为灰化不完全，可在冷却后加几滴硝酸或过氧化氢，在电炉上烧干后，再放入茂福炉灼烧直至呈白灰色。

实验十 无氮浸出物的计算

一、目的

根据试样中概略养分分析结果，计算试样中无氮浸出物的含量。

二、原理

饲料或粪样中无氮浸出物主要包括淀粉、双糖、单糖、低分子有机酸和不属于纤维素的其他碳水化合物等。由于无氮浸出物的成分比较复杂，一般不进行分析，仅根据饲料或粪样中其他营养成分的分析结果计算而得，饲料或粪样中各种营养成分都包括在干物质中，因此饲料或粪样中无氮浸出物含量（风干基础）可按下式计算：

无氮浸出物（%）= 干物质（%）—［粗蛋白质（%）+ 粗脂肪（%）+ 粗纤维（%）+ 粗灰分（%）］

由于不同饲料或粪样中无氮浸出物所含上述各种养分的比例差异很大，因此无氮浸出物的营养价值也相差悬殊。

三、计算方法

1. 风干样本中无氮浸出物含量的计算

根据风干样本中各种营养成分的分析结果，直接代入上式计算；

2. 新鲜样本中无氮浸出物含量的计算

如果样本是新鲜饲料，首先需计算总水分，得出新鲜样本的干物质含量，然后根据下式，将测得的风干样本各种营养成分含量的结果换算成新鲜饲料中各种营养成分含量。

$$\text{新鲜样本中某营养成分(\%)} = \text{风干样本中该营养成分(\%)} \times \frac{\text{新鲜样本中干物质(\%)}}{\text{风干样本中干物质(\%)}}$$

新鲜样本中干物质、粗蛋白质、粗脂肪、粗纤维和粗灰分的含量均换算完毕后，便可代入原理中所述公式计算新鲜样本中的无氮浸出物含量。

实验十一　钙的测定

一、目的

掌握应用容量法测定钙含量的方法，并测定试样中钙的含量。

二、原理

(1)高锰酸钾法

将试样中有机物破坏，使钙变成易溶于水的钙盐，钙盐与草酸铵作用生成白色草酸钙沉淀。然后用硫酸溶解草酸钙，再用高锰酸钾标准溶液间接滴定与钙离子结合的草酸根离子，根据高锰酸钾溶液的浓度和用量即可计算出试样中钙的含量。其主要化学反应如下：

$$CaCl_2 + (NH_4)_2C_2O_4 = CaC_2O_4\downarrow + 2NH_4Cl$$

$$CaC_2O_4 + H_2SO_4 = CaSO_4 + H_2C_2O_4$$

$$5H_2C_2O_4 + 2KMnO_4 + 3H_2SO_4 = 2MnSO_4 + K_2SO_4 + 8H_2O + 10CO_2\uparrow$$

(2)乙二胺四乙酸二钠(EDTA)络合滴定法(快速测定法)

将试样中有机物破坏，使钙溶解制备成溶液，用三乙醇胺(掩蔽剂，可消除铁、铝、铜、锌的干扰)、乙二胺、盐酸羟胺(使锰还原为二价，以消除其对指示剂的氧化作用，使指示剂的终点变化明显)和淀粉溶液消除干扰离子的影响，在碱性溶液中以钙黄绿素为指示剂(钙黄绿素与钙离子络合后生成绿色荧光物质)，用EDTA标准溶液络合滴定钙(EDTA可与钙离子络合形成更稳定的络合物，从而置换出钙黄绿素，使溶液变成紫红色以指示滴定终点)，根据EDTA标准溶液对钙的滴定度和消耗EDTA的体积，可快速测定钙的含量。

三、仪器设备(EDTA络合滴定法)

(1)实验室用样品粉碎机或研钵；

(2)分样筛：孔径0.45 mm(40目)；

(3)分析天平：感量0.000 1 g；

(4)茂福炉:电加热,可控制温度在550 ±20℃;

(5)坩埚:瓷质,30 mL;

(6)容量瓶:100 mL;

(7)滴定管:酸式,25 或 50 mL;

(8)玻璃漏斗:6 cm 直径;

(9)移液管:10,20 mL;

(10)锥形瓶:150 mL;

(11)凯氏烧瓶:250 或 500 mL;

(12)可调温电炉:1000 W。

四、试剂(EDTA 络合滴定法)

分析中所用试剂除特殊要求外,均为分析纯,水为蒸馏水或同纯度水。

(1)盐酸羟胺;

(2)盐酸:1 +3(V_1 +V_2);

(3)氢氧化钾溶液:200 g/L;

(4)三乙醇胺水溶液:1 +1(V_1 +V_2);

(5)乙二胺水溶液:1 +1(V_1 +V_2);

(6)淀粉溶液:10 g/L,称取 1 g 可溶性淀粉于 200 mL 烧杯中,先加 5 mL 水润湿。再加 95 mL 沸水搅匀,煮沸,冷却备用(现配现用);

(7)孔雀石绿水溶液:1 g/L;

(8)钙黄绿素 甲基百里香酚兰指示剂:0. 1 g 钙黄绿素与 0. 13 g 甲基百里香酚兰、5 g 氯化钾研细混匀,贮存于磨口瓶中备用;

(9)钙标准溶液:0. 001 0 g/mL,称取 2. 497 g 于 105 ~110℃干燥至恒重的基准碳酸钙,溶于 40 mL 盐酸中,加热驱除二氧化碳,冷却,用水转移至 1000 mL 容量瓶中,稀释至刻度;

(10)EDTA 标准滴定溶液:称取 3. 8 gEDTA 于 200 mL 烧杯中,加 200 mL 水,加热溶解,冷却后转至 1000 mL 容量瓶中,定容;

①EDTA 标准滴定溶液的标定

准确吸取钙标准溶液 10. 0 mL 按试样测定法进行滴定。

②EDTA 滴定溶液对钙的滴定度按下式计算:

$$T = \frac{C \times V}{V_0}$$

式中：T—EDTA 标准滴定溶液对钙的滴定度，g/mL；

C—钙标准溶液的浓度，g/mL；

V—所取钙标准溶液的体积，mL；

V_0—EDTA 标准滴定溶液的用量，mL。

五、测定步骤（EDTA 络合滴定法）

1. 试样的分解

为测定样本中矿物质，样本处理通常有干法和湿法两种。凡样本中含钙量低的，用干法为宜；含钙量高的，用消化法（湿法）为宜。两种方法制备的溶液均可测定钙、磷、铁、锰等矿物质。

干法　称取试样 2～5g（精确至 0.000 2 g）于坩埚中，在电炉上小心炭化，再放入茂福炉于 550℃下灼烧 3 h（或测定粗灰分后连续进行），在盛灰坩埚中加入盐酸溶液 10 mL 和浓硝酸数滴，小心煮沸，将此溶液转入 100 mL 容量瓶，冷却至室温，用蒸馏水稀释至刻度，摇匀，为试样分解液。

湿法　①称取 2～5 g（精确至 0.000 2 g）风干样本或半干样本，放入 250 mL 凯氏烧瓶中，加入 10～20 mL 浓硝酸，将凯氏烧瓶放置在电炉上用低温加热（电炉上加放石棉网），使溶液保持微沸，加热时温度要适当控制，并时刻转动凯氏烧瓶，使烧瓶中消化液在 15～25 min 内容积失去 1/3～1/2（如温度太高，消化时间不到 15 min可使瓶内溶液减少至 1/3～1/2 原容积）。②当消化至规定时间，如发现烧瓶中很少有棕色气体逸出，且凯氏烧瓶的球部也无气体积聚时，即可认为样本中有机物已氧化完毕（若烧瓶壁附有样本炭粒，应及时摇荡烧瓶，使炭粒被消化液冲下而氧化）。③消化液冷却后，加 10 mL70%～72% 过氯酸 $HClO_4$（注意：必须等待凯氏烧瓶冷却，并将烧瓶离开火源后，才可加入过氯酸，因过氯酸易于爆炸）。④将烧瓶放在高温炉上（500 瓦电炉，不加石棉网）消化，直至消化液呈无色清液为止，再继续加热 2～3 min 即告结束。注意决不能烧干（危险！）。⑤待烧瓶冷却，加入少量蒸馏水，且煮沸驱逐二氧化氮，冷却后转入 100 mL 容量瓶，用蒸馏水稀释至刻度，摇匀，为试样分解液，备用。⑥同时进行试剂空白试验。

2. 试样的测定

准确移取试样分解液 10 mL（5～25 mL，含钙量 2～25 mg）于 150 mL 锥形瓶。加水 50 mL，加淀粉溶液 10 mL、三乙醇胺 2 mL、乙二胺 1 mL、1 滴孔雀石绿，滴加氢氧化钾溶液至无色，再过量10 mL，加0.1 g盐酸羟胺（每加一种试剂都需摇匀），加钙黄绿素少许，在黑色背景下立即用EDTA标准滴定溶液滴定至绿色荧光消失呈现紫红色为滴定终点。

3. 测定结果的计算　钙含量的计算公式如下：

$$Ca(\%) = \frac{T \times V_2}{m \times \frac{V_1}{V_0}} \times 100$$

$$= \frac{T \times V_2 \times V_0}{m \times V_1} \times 100$$

式中：T—EDTA标准滴定溶液对钙的滴定度（g/mL）；

V_0—试样分解液的总体积（mL）；

V_1—分取试样分解液的体积（mL）；

V_2—实际消耗EDTA标准滴定溶液的体积（mL）；

m—试样的质量（g）。

六、说明

（1）每个试样应称两份平行样进行测定，以其算术平均值为分析结果。当含钙量大于5%时，允许相对偏差为3%；含钙量为1% ~5%时，允许相对偏差为5%；含钙量小于1%时，允许相对偏差为10%。

（2）滴定度：指每毫升标准溶液相当于被测物质的克数。

（3）孔雀石绿指示剂在pH = 11.5 ~ 13.2时，由淡蓝绿色变为无色，可用来指示溶液的酸碱度。

实验十二　总磷量的测定

一、目的

掌握应用比色法测定总磷量的方法，并测定试样中总磷量。

二、原理（钒黄法）

将试样中的有机物破坏，使磷游离出来，在酸性溶液中，用钒钼酸铵处理，生成黄色的磷－钒－钼酸复合体[$(NH_4)_3PO_4 \cdot NH_4VO_3 \cdot 16MoO_3$],其黄色的深浅与磷的含量成正比,所以,在波长 420 nm 下进行比色测得其光密度,然后根据标准曲线查得对应的含磷量,再进行计算即可得到试样中的含磷量。其化学反应如下:

$$H_3PO_4 + 16(NH_4)_3MoO_4 + HNO_3 + NH_4VO_3 \rightarrow$$

$$(NH_4)_3PO_4 \cdot NH_4VO_3 \cdot 16MoO_3 + NH_4NO_3 + 44NH_3\uparrow + 16H_2O + 8H_2$$

三、仪器设备

(1)实验室用样品粉碎机或研钵;

(2)分样筛:孔径 0.45 mm(40 目);

(3)分析天平:感量 0.0001 g;

(4)分光光度计:有 10 mm 比色皿,可在 420 nm 下测定吸光度;

(5)茂福炉:可控制温度在(550 ±20℃);

(6)坩埚:瓷质,30 mL;

(7)容量瓶:50 mL、100 mL、1 000 mL;

(8)滴定管:酸式,25 或 50 mL;

(9)刻度移液管:1.0、2.0、3.0、5.0、10 mL;

(10)凯氏烧瓶:125、250 mL;

(11)可调温电炉:1000 W。

四、试剂

分析中所用试剂除特殊要求外,均为分析纯,水为蒸馏水或同纯度水。

(1)盐酸:1∶1水溶液;

(2)硝酸;

(3)高氯酸;

(4)钒钼酸铵显色剂:称取偏钒酸铵 1.25 g,加硝酸 250 mL,另称取钼酸铵(分析纯)25 g,加水 400 mL 使其溶解,在冷却的条件下,将后者倒入前面的溶液,使两种溶液混合,用水定容至 1000 mL。避光保存,若生成沉淀,则不能继续使用。

(5)磷标准液:将磷酸二氢钾在 105℃ 干燥 1 h,在干燥器中冷却后称取 0.219 5 g溶于水,定量转入 1000 mL 容量瓶中,加浓硝酸 3 mL,用水稀释至刻度,摇匀,即为 50 μg/mL 的磷标准液。

五、测定步骤

1. 试样的分解

试样分解液的制备方法同钙的测定。

2. 标准曲线的绘制

准确吸取磷标准液 0、1.0、2.0、4.0、6.0、8.0、10.0 mL 于 50 mL 容量瓶中，分别加钒钼酸铵显色剂 10 mL，用水稀释至刻度，摇匀，常温下放置 10 min 以上，以 0 mL 溶液为参比，用 10 mm 比色池，在 420 nm 波长下，用分光光度计测定各溶液的光密度。以磷含量为横坐标，光密度为纵坐标绘制标准曲线。

3. 试样的测定

准确移取试样分解液 1 ~ 10 mL（含磷量 50 ~ 750 μg）于 50 mL 容量瓶中，加入钒钼酸铵显色剂 10 mL，用水稀释至刻度，摇匀，常温下放置 10 min 以上，以空白试剂为参比，按标准曲线绘制步骤所述进行显色和比色，测得试样分解液的光密度，用标准曲线查得试样分解液的含磷量。

4. 滴定结果的计算

样品中总磷含量的计算公式如下：

$$P(\%) = \frac{a}{m} \times \frac{V_1}{V_2} \times \frac{100}{1000} \times \frac{1}{1000}$$

式中：a—（$T_1 - T_0$）由标准曲线查得试样分解液的含磷量（μg）；

T_1—试样分解液光密度读数；

T_0—样本空白液光密度读数；

m—试样的质量（g）；

V_1—试样分解液稀释的体积（mL）；

V_2—移取试样分解液的体积（mL）。

六、说明

（1）每个试样应称两份平行样进行测定，以其算术平均值为分析结果。当含磷量大于 0.5% 时，允许相对偏差为 3%；含磷量小于 0.5% 时，允许相对偏差为 10%。

（2）比色时待测液中磷的含量不宜过高，最好控制在 500 μg/mL 以下。

(3)吸取试样分解液时,切勿将底层的浑浊物吸入,否则将影响比色。

(4)该法测得的磷含量为饲料(或其他)样本中的总磷量,包括难以被动物吸收利用的植酸磷。

实验十三　胡萝卜素的测定

一、目的

掌握饲料中胡萝卜素含量的测定方法,并测定各类饲料中胡萝卜素的含量;了解层离分析法的应用原理。

二、原理

在维生素 A 原中,以 β－胡萝卜素效力最显著。此外,还有 α－胡萝卜素、隐黄素等,但生理效力稍低,而且含量也低,故通常仅对 β－胡萝卜素进行定量测定,作为饲料中胡萝卜含量。

饲料中除胡萝卜素外,还有叶黄素、叶绿素等植物色素。测定时,先用石油醚及丙酮等有机溶剂提取,然后进行柱层析分离,由于胡萝卜素对吸附剂的吸附能力最差而处于色带前沿,然后用洗脱剂将胡萝卜素洗下,通过比色测定其浓度。

三、试剂

(1)丙酮:不含水分和醇类;

(2)石油醚:测定鲜样用 40～70℃馏分;测定风干样用 80～100℃馏分,亦可用正己烷;

(3)吸附剂:先将 80～100 目的氧化镁置于 800～900℃高温电炉中灼烧 3 h,再与等体积的硅藻土(作助滤剂)混合;

(4)抗氧化剂:对苯二酚或联苯三酚;

(5)胡萝卜素标准溶液:准确称 β－胡萝卜素结晶体或 90% β－胡萝卜素和 10% α－胡萝卜素混合物 40～60 mg,加几毫升氯仿溶解,再用石油醚冲淡至 100 mL(此液临用时配制,因其在 2～3 天内就会被破坏)。用上述标准液配制不同浓度的标准液(0.2、0.4、0.8、1.2、1.6、2.0、2.4 μg/mL)于于分光光度计上440 nm 波长处测定其光密度。以标准液的不同浓度及比色所得光密度读数在方格纸上划出曲线,此曲线应为一直线,即浓度与光密度成正比。

四、操作步骤

1. 提取

将试样切碎或粉碎后,称取 2 ~ 5 g(若不能及时分析,可用蒸气处理 5 min,冷冻贮存)放入研钵中,加 0.5 g 对苯二酚,1 勺玻璃粉或海砂、10 mL 1∶1丙酮—石油醚混合液,充分研磨,静置,将上层清液移入盛蒸馏水的 100 mL 分液漏斗中。残渣再加 10 mL 1∶1丙酮 - 石油醚研磨,如此反复提取,直至提取液无色为止(一般需 8 ~10 次)。摇动分液漏斗 1 ~ 2 min,静置,待分层后将水放入另一分液漏斗中,提取液再用 100 mL 水洗涤 3 ~ 4 次,以除去丙酮。在洗涤水的分液漏斗中加 5 ~ 10 mL石油醚,充分摇动,静置,将水放出,所余石油醚与原提取液合并,准备移入层析管。

2. 层析分离

在层析管底部先垫一层玻璃纤维或脱脂棉,先将活性氧化镁与硅藻土按 1∶1 混合,入管中时边装边用手指轻轻弹动管壁,使其均匀,并用玻璃棒轻压表面,使之均匀松散而无空隙,装至 10 cm 高。然后将层析管接在抽滤管上,开动真空泵抽气,必要时可用带有长柄的软木塞压紧氧化镁。这样制成的氧化镁层析柱高应在 8 cm 左右,如低于 7 cm,应先将层析管上表面的氧化镁用药勺拨松,再继续加氧化镁,以免前后所加的氧化镁不能很好地连接,使吸附柱内形成断面。最后在表层装 1 cm 高的无水硫酸钠。

在层析管内先加 10 mL 石油醚抽气,使氧化镁湿透并赶走其中的空气。待无水硫酸钠层尚留有少量石油醚时,立即加入经水洗涤的提取液。分液漏斗用 5 mL 石油醚冲洗,待提取液流至无水硫酸钠层时,将洗涤液放入管中。最后用 5% 丙酮—石油醚洗脱液(5 mL 丙酮加 95 mL 石油醚)淋洗,胡萝卜素随洗脱液流入抽滤管内的试管中,当试管内洗脱液积满时,取出倒入 25 mL 或 50 mL 棕色量瓶中,直至洗脱液由黄色变为无色为止。将全部洗脱液转入量瓶中,用石油醚冲洗试管并混入洗脱液中,以石油醚定容。

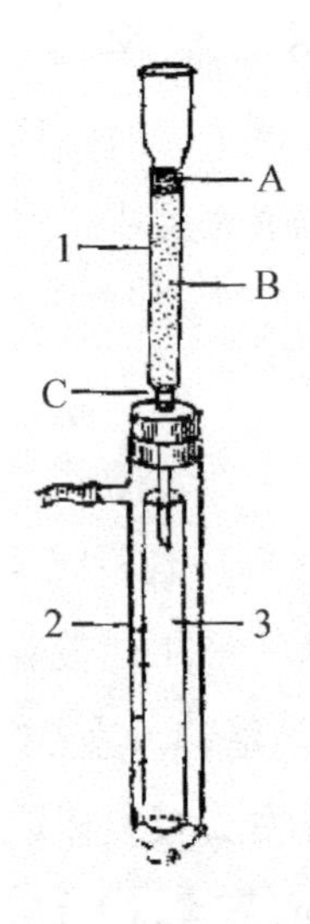

图 2-3 胡萝卜素测定层离装置示意图

1—层离层;A. 无水硫酸钠;B. 吸附剂;C. 脱脂棉;2—抽滤管;3—承接管。

3. 工作曲线的绘制

于一组 10 mL 量瓶或刻度试管中,分别注入 0.00、1.00、2.00、3.00、4.00、5.00 mLβ-2 μg/mL 胡萝卜素的标准溶液,用石油醚定容至刻度,在 440 nm 波长下分别测定其光密度,并绘制工作曲线。

4. 样品测定

准确吸收上述提取液于 1 cm 比色皿中,以石油醚作空白参比,在 440 nm 波长下测其光密度,从工作曲线上查得相应胡萝卜素含量(μg /mL)。

5. 计算

$$\text{胡萝卜素含量(mg/kg)} = \frac{\frac{C}{1000} \times V}{\frac{W}{1000}} = \frac{C \times V}{W}$$

式中:C—从工作曲线上查出的样品提取液中胡萝卜素含量(μg/mL)。

V—样品提取液体积(mL)。

W—称取的样品重量(g)。

六、说明

(1)市售丙酮需用无水硫酸钠除去水分后,加 10 目锌粉重蒸馏。

(2)若样品为动物性饲料或含油脂较多时,应先按维生素 A 测定步骤所述方法进行皂化,然后用石油醚提取皂化液,再将提取液作层析分离、测定。

(3)亦可用氧化铝作吸附剂,代替活性氧化镁,其过滤速度可提高 1 倍。但使用前需将氧化铝置于 105℃高温电炉中灼烧 3 h,冷却后放入小烧杯中,加入石油醚,最后转入层析柱中。

(4)洗脱液中,丙酮比例愈大,洗脱能力愈强。

实验十四　热能的测定

一、目的

了解氧弹式热量计的结构、测定原理和操作使用方法;结合实验课程中的消化代谢试验,根据所用饲料和粪、尿样本,求测畜禽饲料的燃烧热或消化能、代谢能值。

二、原理

测定饲料(或粪、尿、畜产品)的燃烧热是研究家畜能量代谢的基本方法。无论是评定饲料的能量价值或测定家畜对能量的需要量,都将应用这一测定方法。

饲料的燃烧热即饲料所含的总能(*GE*),是饲料在燃烧过程中完全氧化成最终的尾产物(二氧化碳、水及其他气体)所释放出的热量。单位质量之物质的燃烧热即为该物质的热价,通常以 KJ/g 或 MJ/kg 为单位。

饲料的消化能(*DE*)和代谢能(*ME*)按理论上的定义如下:

饲料的消化能(*DE*)= 食入饲料的燃烧热 - 排出粪中的燃烧热;

饲料的代谢能(*ME*)= 食入饲料的燃烧热 - 排出粪中的燃烧热 - 排出尿中的燃烧热(反刍动物还要减去排出甲烷气体的燃烧热);

通过畜禽的消化、代谢试验获得畜禽准确的食入饲料量和排出粪尿量,并使用热量计分别测得饲料和粪尿的燃烧热,然后,根据能量的定义就可求得饲料的总能、消化能和代谢能。因此,利用热量计测定样品的燃烧热是测定饲料能量的基础。

氧弹式热量计测定样品燃烧热的原理:将一定重量的饲料(或粪尿、畜产品)样品装于热量计的氧弹中,通电引火,使试样在纯氧条件下进行燃烧。根据热力学第一定律,一个热化学反应,只要其开始与终末状态一定,则反应的热效应就一定。因此,样品燃烧所放出的热量全部被氧弹周围已知重量的蒸馏水及热量计整个体系吸收。根据燃烧前后水温(即热量计体系的温度)的变化和热量计的热容量(即数值上等于量热体系温度升高1℃所需要的热量),即可算出该样品所含的燃烧热。

在测定过程中有些因素会影响测定结果的准确性,须加以矫正才能得出真实的热价。主要有三方面的影响:(1)由于辐射的影响,水温上升的度数与由燃烧产热所致的实际升温之间有偏差;(2)引火丝本身燃烧的发热量;(3)含有N、S等元素的样品,在氧化后生成硝酸、硫酸的产热。

三、仪器

(1) 氧弹式热量计(GR3500型或GR3500S型,长沙仪器厂);

(2) 氧气钢瓶(附氧气表)及支架;

(3) 容量瓶2000 mL,1000 mL,200 mL;

(4) 量筒200~500 mL;

(5) 滴管50 mL;

(6) 吸管10 mL;

(7) 烧杯250 mL,500 mL。

四、试剂

(1) 蒸馏水;

(2) 苯甲酸(分析纯);

(3) 0.1 mol/L Na_2CO_3(或0.1 mol/L NaOH);

(4) 甲基红指示剂(或酚酞指示剂)。

五、氧弹式热量计的构造

以下介绍为长沙仪器厂生产的GR3500型和GR3500S型氧弹式热量计的构造:主要由氧弹、金属内筒和外筒(即外围水槽)三部分组成。此外,还有搅拌器、控制箱、压样机、弹头座、氧气减压阀、氧气过滤器及贝克曼温度计（GR3500S 型为测温探头）和普通工业用玻套温度计等，见图 2－4。

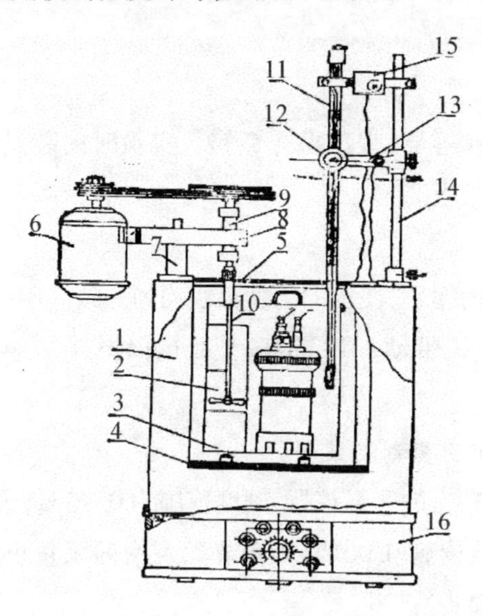

图 2－4　氧弹式热量计（GR3500 型）结构示意图

1. 外筒　2. 搅拌器　3. 内筒　4. 底板　5. 塑料盖子　6. 电动机　7. 搅拌器支座　8. 横梁　9. 滚珠轴承座　10. 搅拌轴　11. 温度计　12. 测温放大镜　13. 放大镜架　14. 导杆　15. 振动器　16. 电气装置

1. 氧弹

即样品燃烧室，是热量计的主体部分，由耐酸的不锈钢铸成。分弹头和弹筒两部分。弹筒是容积为 300 mL 的厚壁圆筒；弹体上有进气阀、针形出气阀、电极栓（GR3500S 型为阀体）和遮罩、坩埚架、坩埚等。

氧气通过进气阀（GR3500S 型为阀体）进入氧弹，样品燃烧后产生的废气由针形出气阀（GR3500S 型为阀体）排出。进气阀向下有一金属导气管，氧气由进气阀从导气管充入弹筒；电极栓向下有一金属棒，与导气管一起构成两电极栓。（GR3500S 型的两电极分别为阀体和弹头，阀体与弹头之间由绝缘垫与绝缘套隔开绝缘）。坩埚置于两电极之间，试样置于坩埚内，通电后由连在两极的引火丝点火燃烧。进气管上固定有遮板，防止试样燃烧时火焰直接喷向弹头，并使产生的热流经遮板反射后，较均匀的分布于弹内。

2. 外筒

铜制的双壁套筒，为热量计的隔热装置。实验时充满与室温相近的水，形成恒温环境。

3. 内筒

截面为梨形的铜制容器，表面抛光镀铬。实验时内装量热液体（水）后，置于外筒中央的绝热三脚架上。

4. 搅拌系统

通过搅拌加速水的循环，使水的温度很快均匀一致。GR3500 型是内外筒同步搅拌，搅拌器由搅拌电机带动；GR3500S 型是内筒搅拌，为电磁搅拌器，由电机通过磁耦合带动。

5. 贝克曼温度计及其测温装置

贝克曼温度计为精密的测温仪器，刻度范围为 0 ~ 5℃，最小分度值为 0.01℃，利用放大镜读数，可估读到 0.001℃。调节贮汞槽的汞量可在 0 ~ 50℃范围使用（GR3500S 型为测温探头）。

温度计水银柱在毛细管中运动时，由于摩擦作用而具有粘滞现象，使得读出的温度与实际温度不符。为了消除水银柱的粘滞现象，在每次读数前必须用振动器振动温度计，每 30 s 或 1 min 振动器将温度计振动 3 s。温度计固定在振动器的夹子上，振动控制由装于控制箱内的计时装置控制。

6. 工业用玻套温度计

刻度范围为 0 ~ 50℃，最小分度值为 1℃，用来测量外筒水温。

7. 控制箱

为了方便，热量计将搅拌、点火、计时、振动、电流调节等均通过一配电装置面板上的按钮和旋钮进行控制。

8. 压样机

主要是将粉状试样压成饼状。

9. 氧气减压阀

实验时氧弹仅需 (25 ± 5) kg/cm^2 压力，而一般氧气钢瓶的压力都很高，因此，须装减压装置。氧气减压阀一端直接与氧气钢瓶相连，另一端接氧气过滤器或氧弹进气阀。带有两个压力表，其中一个指示氧气瓶内压力，另一个表指示充氧压力，两个表之间装有减压阀。压力表每年至少经国家计量机关检测一次，以保证指示准确。各连接部分,禁止使用润滑油,必要时只能使用甘油,涂抹量不应过多。如任一连接部分被油类污染,必须用汽油或酒精洗净并风干。

10. 氧气过滤器

降压的氧气通过过滤器以除去可能存在的二氧化碳、水及其他酸性气体杂质。过滤器为一镀铬合金钢制成的厚壁圆筒,开端有塑料垫作密封圈,有螺帽扭紧,故有良好的密闭性。筒内有吸水的硅胶和吸二氧化碳的钠石灰,成分各一半,氧气中的杂质经两头的过滤片过滤。不用时将螺帽扭紧,以防硅胶吸水而溶化,过滤剂每隔 3 ~6 个月更换一次。

新仪器使用前,必须用汽油或酒精将过滤器所有零件的油脂清除,以免通氧时发生意外的爆炸。

11. 弹头座

专供放置弹头的架子,便于联接引火丝和安装待测试样。

六、对测热室的要求

测热工作应在恒温条件下进行,否则所得结果将存在误差。在没有恒温室的条件下,最好选择无窗的或北面的房间作测热室。门窗应严密,室内避免阳光照射及通风和暖气的影响。要求尽可能使室温变动不大,当仪器新搬入室内时,应放置适当时间,待仪器温度与室温平衡时,再开始实验工作。

七、操作步骤

1. 准备工作

测量前应擦净氧弹各部油污及油渍,以防实验时发生危险。氧气瓶应放在阴凉安全处,防止滑倒。检查热量计各部件是否齐全。

(1)外筒的准备

在外水筒注入与室温相近的水(或早几天注满水,以使之与室温一致),水面离水筒上缘 1.5 cm 以上。为防止水中有杂质沉淀,应使用蒸馏水。外筒灌水后可用搅拌器搅拌,待水温与室温一致时,才能使用,如热量计长期不用,应将水筒中的水全部放出,干燥保存。

(2)压样

在普通天平上称取 1 ~1.5 g 试样,用压样机压成饼状,并用分析天平准确称量

(称准至第4位小数)。试样的多少依测定时温度上升不超过3~4℃为准,最好以1℃左右为宜。温差过大,热量计因辐射损失的热也多,引起的误差也较大。此外,在称量样品的同时,应测定样品的含水量,以便换算成全干基础的热价。

(3)引火丝的准备

量取10 cm的引火丝并准确称重(一般可量取10根以上引火丝,一次称重,取其平均值作为每根的重量)。

(4)加水

在弹头与弹筒装配前,约取5~10 mL蒸馏水注入氧弹底部,以吸收燃烧过程中产生的含N、S气体,吸收后形成硝酸和硫酸,通过扣除其热能来校正试样的实际发热量。加入的水量不要求很精确,但应与测定热量计水当量相一致。实验证明,形成这两种酸的热量极微(约40 J左右),而测定又相当费事,故一般忽略不计。

(5)充氧

置氧弹头于弹头座上,将准备好的试样放入氧弹坩埚内,两端电极用已知重量的引火丝相连,并使引火丝距样品表面1~2 mm,引火丝切勿接触坩埚。如将引火丝压入样品内时,则应事先称准引火丝的重量,最后从样品重量中扣除。一切工作准备就绪后,拧紧氧弹的弹盖,通过进气管缓慢地充入氧气,直到弹内压力逐渐增至25~30 kg/cm^2 为止。充氧不可过快,否则会使坩埚中的样品被气流冲散而损失。而且操作过程中氧弹不应漏气,如有漏气现象,应找出原因,予以修理。

(6)内筒的准备

称干净内筒的重量,并灌入3 kg蒸馏水(称准至0.1~0.5 g)。为减少辐射,测定前应调节内筒水温,使其低于外筒水温0.5~0.7℃为宜。当使用热容量较小(如内筒水重2 kg左右)的热量计时,内筒水温应比外筒水温低1℃左右。内筒灌水应在氧弹放入内筒后进行。灌注时应注意勿使水溅出,以免影响数值的准确性。氧弹在内筒放置的位置应适宜,勿使搅拌器的叶片与内筒或氧弹接触,加入的水应淹到氧弹上端进气阀(阀体)高度的2/3处。必须记录内、外水筒的温度。

(7)热量计的安装

插好电极,将贝克曼温度计固定于支架上,使其水银球中心位于氧弹一半高度的位置(GR3500S型为测温探头),最后盖好盖子。

一切准备就绪,打开总电源、振动、计时等开关,开动搅拌器。为保证测定时由搅拌所产生的热量大致相等,搅拌器的速度变化不得超过10%。要特别注意不能打开点火开关，搅拌 3～5 min 后再开始测定。

2. 测定工作

全部测定工作分为三个阶段：初期（燃烧前期）、主期（燃烧期）和末期（燃烧后期）。

（1）初期

是试样燃烧前的阶段。在这一阶段观测和记录周围环境与量热体系在试验开始温度下的热交换关系。开动搅拌器，当每分钟的温度上升恒定时，定为初期起点，即试验的开始。然后，每隔 1 min 读记温度 1 次，连续读记 5～10 次。计算初期每 1 min 温度变化的平均值（负值，记为 V）。

（2）主期

燃烧定量的试样，产生的热量传给热量计，使热量计量热体系各部分温度达到均匀。

在初期的最末一次读取温度的瞬间，按下点火按钮（点火时的电压应根据引火丝的粗细试验确定。在引火丝与两极联结好后，不放入氧弹内，通电试验，以引火丝发红而不断为适合）。则初期的最后一次读温，即为主期的第一次读温（主期初温，记为 T_0）。然后开始读记主期的温度，每 30 s 读记温度 1 次，直至温度不再上升而开始下降的第一次温度（主期末温，记为 T_n）为止，这个阶段作为主期。

点火时的电压约为 24 V，由于点火而进入热量计体系的电热通常可忽略。但通电的时间每次都应相同，不应超过 2 s。如通电时间过久，则因点火而产生的热会影响测定结果的准确度。

（3）末期

燃烧结束即末期开始，这一阶段的目的与初期不同，是观察在试验结束温度下的热交换关系。在主期读记最后一次温度后，每隔 1 min 读记温度 1 次（共约读记 10 次），直至温度停止下降为止。计算末期温度变化的平均值（正值，记为 V'）。末期的终点即为全部试样的结束。

3. 结束工作

停止观察温度后，从热量计中取出氧弹，注意缓慢按下排气阀，在 5 min 左右放尽气体，拧开并取下氧弹盖，量出未燃完的引火丝长度，计算其实际消耗的重量，随后仔细检查氧弹，如弹中有烟黑或未燃尽的试样微粒，此试验应作废。如果未发现这些情况，用热蒸馏水洗涤弹内各部分，包括坩埚和进气阀，将全部洗弹液和坩埚中的物质收集在洁净的烧杯中，洗弹液量应为150～200 mL。将盛洗弹液的烧杯加盖微沸5 min，加两滴1%酚酞，以1/10 N氢氧化钠溶液滴到粉红色，保持15 s不变为止。

用干布将氧弹弹筒内外壳表面和弹头、弹盖拭净，各塞门应保持不关闭状态。最好用电热吹风将各接触部分及零件吹干，防止塞门生锈不能密闭而漏气。

每次燃烧结束后，应清除坩埚中的残余物。普通坩埚在600℃条件下，灼烧3～4 min以除去可能存在的污物及水分；白金坩埚可在盐酸中煮沸，也可用氢氟酸加热去污；石英坩埚只能擦拭，因加热与氢氟酸处理均会损坏石英。

八、饲料燃烧热的计算

饲料燃烧热（H）按下面公式计算：

$$H = \frac{KT - \Delta Q}{M}$$

式中：H—饲料（或粪、尿）样品的燃烧热（J/g）；

K—仪器的热容量（J/℃）；

T—校正后的实际升高温度（℃）；

ΔQ—其他引起发热的热量（J）；

M—样品重量（g）；

式中的T、K值及ΔQ均需经校正与计算后得到。方法如下：

（一）T值的校正

$$T = (T_n - T_0) + \Delta T$$

式中：T—校正后的实际升高温度；

T_n—主期的末温；

T_0—主期的初温；

ΔT—因辐射热而导致的温差；

ΔT可根据奔特氏公式计算：

$$\Delta T = \frac{(V + V')m}{2} + V' \cdot r$$

式中：V—初期温度平均上升的速度（负值，以10次为准）；

V'—末期温度平均下降的速度(正值,以10次为准);

m—主期中,每30 s温度上升0.3℃以上的次数;

r—主期中,每30 s温度上升0.3℃以下的次数;

在测定过程中,外筒水温与室温平衡,应保持恒定不变。内筒水温低于外筒水温,在点火燃烧前,热由外筒向内筒辐射。点火燃烧后,内筒温度上升超过外筒温度后,热由内筒向外筒辐射。由于此种辐射的影响,观察的温度需要校正。

(二)仪器热容量(K)的校正

1. 仪器热容量的含义

贝克曼温度计(GR3500S型为测温探头)所示的温度,不是单纯代表水的温度,而是代表热量计整个体系的温度,也就是说饲料燃烧后所释放出的热,不仅被水吸收,也被整个体系吸收。因此,需要知道使仪器体系升高1℃所需的热量(包括氧弹、搅拌器、内筒、温度计以及辐射损失部分等),即仪器的热容量。仪器的热容量不是恒定不变的常数,而是随环境温度而变化的。因此,在测定饲料或其他样品的热能时,须先测知在该环境温度下仪器的热容量。

2. 仪器热容量的测定方法

测定方法与测定饲料燃烧热的方法相同,只是用一定重量的已知热价的纯有机化合物代替饲料样品(如苯甲酸26 460 J/g、水杨酸21 945 J/g、安息香酸66 455 J/g),连续测定四次,如各次测定值小于平均值的±0.1%时,则平均值为该条件下仪器的热容量。测定样品之条件应与测定热容量的条件相同。每当操作条件有变化时,应重新测定。热容量值为正数,小数点后数值四舍五入。

仪器热容量的计算公式如下:

$$K = \frac{Ma + \Delta Q}{T}$$

式中:K—仪器的热容量(J/℃);

M—苯甲酸或某种纯有机物的重量(g);

a—苯甲酸或某种纯有机物的热价;

ΔQ—其他引起发热的热量(J);

T—校正后的实际升高温度(℃),$T = (T_n - T_0) + \Delta T$。

一般情况下,ΔQ中只考虑引火丝的发热量,其他发热量忽略不计,故K值的简化公式为：

$$K = \frac{Ma + GB}{T}$$

式中：G—引火丝的热价(J)；

B—实际燃烧的引火丝重(g)；

其他符号含义同上。

(三)其他来源热量(△Q)的校正：

$$\triangle Q = G_1 + G_2 + G_3$$

由热量计测得的热量，包括引火丝本身燃烧的发热量 G_1，酸的生成热及其在水中的溶解热 G_2，以及因含硫不同而产生的不同硫酸生成热的校正 G_3。上述各项热量必须从饲料燃烧热中扣除。一般情况下只校正 G_1，G_2 和 G_3，有时可忽略不计，测定仪器热容量时，须校正 G_1 和 G_2。

(1) G_1(引火丝发热量) = 引火丝的热价(J/g) × 实际燃烧引火丝之重(g)

为简化操作，可按长度计算：

G_1 = 单位长度的热价(J/cm) × 实际燃烧长度(cm)

本试验采用的引火丝热价为 5.4 J/cm。

(2) G_2(硝酸及硫酸生成热的校正)：样本中的硫与氮若在普通情况下燃烧时生成二氧化硫与二氧化氮，但在高压氧中燃烧时，则生成三氧化硫与五氧化二氮，溶于水后分别生成硫酸和硝酸。已知每克分子 N 变成五氧化二氮，再变成硝酸时放出 28 600 Cal 热量。用 0.1 N 碳酸钠滴定产生的酸，用甲基红为指示剂(或 0.1 N 氢氧化钠，用酚酞为指示剂)，滴定结果为总酸量，现假定其生成酸全为硝酸时，则每克当量碳酸钠相当于 28 600/2 = 14 300 Cal 热量。即每毫升 0.1 N 碳酸钠相当于 1.43 Cal(5.98 J)热量：

G_2 = 5.98 × 消耗 0.1 N 碳酸钠(或 0.1 N 氢氧化钠)的毫升数

(3) G_3(硫酸生成热的校正)：若生成的酸中不全是硝酸，尚有硫酸也应进一步校正。由硫生成硫酸的生成热为 141 100 Cal，减去硫生成二氧化硫的生成热 69 300 Cal，则每克分子硫酸的生成热应校正为(141 100 − 69 300 = 71 800 Cal)。用硫酸钡可滴定出硫酸的量。每克分子硫酸钡沉淀相当于 1 克分子硫酸。每克分子硫酸应按 71 800 Cal 计算。但在 G_2 校正中，全按硝酸产热量计算，因此，每克分子硫酸钡应再校正 71 800 －（2 × 14 300）＝43 200 Cal。每克硫酸钡相当于 43 200/233.46＝185 Cal，而每克硫需校正 43 200/32.066＝1347 Cal（1350 Cal），或每毫克硫需校正 1.35 Cal（5.65 J），故

$$G_3 = 5.65 \times S(mg)$$

一般情况下，△Q 中只考虑引火丝发热量（G_1），故 H 的简化公式为：

$$H = \frac{K \times T - G \times B}{M}$$

式中：H—饲料（或粪、尿）样品的燃烧热（J/g）；

K—仪器的热容量（J/℃）；

T—校正后的实际升高温度（℃），$T = (T_n - T_0) + \Delta T$；

G—引火丝的热价（Cal 或 J）；

B—实际燃烧的引火丝重（g）；

M—样品重量（g）。

第三章　畜禽消化代谢试验

根据动物的不同消化代谢和生理特点，本篇将分别介绍单胃、复胃和水产动物与家禽的消化代谢试验，是继饲料营养成分分析之后，深入进行动物营养需要与饲料营养价值评定的重要实验项目。通过这些实验项目的进行不仅可以了解消化代谢试验的方法步骤，又可加深对《动物营养学》和《饲料学》教材中相关理论内容的理解。

实验十五　猪饲料消化率的测定

一、全收粪法

（一）原理

猪饲料的消化率是指未经粪排出，从而假定被猪体降解和吸收的那部分饲料物质占其食入饲料物质总量的百分比。为了测定猪饲料的消化率，应当在严格执行试验设计的基础上，准确测定出猪在一定期间内食入饲料中营养物质的数量与粪中排出营养物质的数量，通过正确记录猪在某阶段的饲料采食量和全部排粪量，分析饲料和粪中某养分的含量，即可计算得到猪对该饲料养分消化率的方法称为全部收粪消化试验法，简称全收粪法。由于粪中所含的养分并非全部来自饲料，如体内分泌进入消化道的消化液，从肠壁脱落的黏膜以及肠道的微生物等代谢性养分均混在粪中。因此，用上述方法测得的为饲料养分的表观消化率。若从全收粪法收集到的粪中减去代谢性粪量即可计算得到饲料养分的真实消化率。因代谢性粪量的收集测定比较困难，所以，除非特殊需要，实际试验中一般不进行饲料养分真实消化率的测定。

$$饲料养分表观消化率(\%)=\frac{食入饲料养分量-粪中养分量}{食入饲料养分量}\times 100$$

$$饲料养分真实消化率(\%)=\frac{食入饲料养分量-(粪中养分量-代谢性粪中养分量)}{食入饲料养分量}\times 100$$

(二)仪器设备

(1)消化代谢笼;

(2)实验室用样品粉碎机或研钵;

(3)分样筛:孔径0.45 mm(40目);

(4)分析天平:感量0.000 1 g;

(5)案秤:称量10~15 kg,感量5 g;

(6)磅秤:称体重用,大小自定,感量0.1 kg;

(7)集粪桶(带盖);

(8)大、小粪铲;

(9)搪瓷盘:20×30 cm;

(10)培养皿:11~15 cm;

(11)样品瓶:250 g;

(12)电热式恒温烘箱:可调温度为50~150℃;

(13)塑料袋:30 cm×45 cm。

(三)试验方法与步骤

1. 试猪的选择

一般要求选择品种相同,体重、年龄相近,健康、去势的公猪进行试验。测定日粮或饲料消化率时宜用3~5月龄,体重30~60 kg的去势公猪。因为此阶段的公猪食欲旺盛,对新饲料、新环境的适应能力强。试猪的头数应根据试验目的以及要求的精确度来确定。一般为测定一个饲料的消化率初选时不宜少于5头,最后选留头数不得少于3头。在比较猪对不同日粮或饲料养分消化率时,可用拉丁方设计,这可消除猪个体的差异,而且还可增加试验结果的数据,进行方差分析时,其自由度以不少于15为佳。

2. 日粮配合

按照试验设计规定的日粮组成,配备所需饲料种类(包括矿物质、维生素添加剂)及数量,并应一次配齐。在按每日需要数量称重,分装成包,备试验时应用。同时采取分析样本送实验室,立即测定干物质含量及供化学成分分析用。

3. 试验步骤

试验分两期进行,即预饲期和正式试验期。

(1)预饲期

一般为8 d(5~10 d)。在此期间的主要目的是,使试猪适应新的饲粮及饲养管理环境,掌握猪的排粪规律,使其全部排净消化道内原有饲料的残渣,确保正式试验期收集的猪粪为待测饲料的残渣。在试猪采食正常后,应摸清其采食情况,使在试验期间,日粮采食量尽量相等且试猪消化系统处于相对平衡状态。这样,在预饲期的最后几天(一般为3 d),可根据前几天的测算结果,以尽量食尽且无剩料为原则,配给试猪以一定数量的试验日粮。并立即开始定量给饲,直到进入试验期,一直要定量给饲到试验期结束为止。

(2)正试期

全收粪法成功的关键在于准确计量采食量和排粪量。考虑到猪的消化道结构较长,排空速度较慢,为减少误差,正式收集测定期至少应有6 d。而且粪便的收集天数应为偶数,这样可避免因排粪一天多一天少而产生的误差。在此期间的工作要点为:

①采食量及采食干物质总量的测定

理论上按预饲期确定的每次饲料喂量进行定量喂饲是很方便的。但实际上总会或多或少地出现剩料现象。因此,应详细记录每次的剩料量,并立即测定其干物质含量。对含水量较多的青绿多汁及糟渣类饲料,应在每次临饲前都取2份(每份约100 g)样品进行干物质的测定,以消除因每次饲喂的此类饲料的干物质含量不同给整个试验期食入干物质总量测定结果带来的影响。饲料采食量及采食干物质总量的测定记录与计算表格见表3-1。

②排粪量及干物质排出量的测定

正试期对试猪排粪的收集、记录与制样均应按试猪个体以天为单位分别进行，每天的界限以两日间排粪少或不排粪的时间为好。实践中可选择每天上午9点或下午2点作为天与天之间的分界点(食入饲料量的记录也以此分界点为准)。每天的集粪次数应当是随排随收,为此昼夜均需有专人值班。每次收集到的猪粪先放入一个带盖的集粪桶中置冷暗处保存,待一天的粪收齐后混匀,按三种用途取样:①取每天排粪量的10%(分为两份,每份不少于50 g),平铺于培养皿中置于100～105℃烘箱内测定总水分,求其干物质含量;②取每天排粪量的2%(分为两份,每份不少于5 g),立即测定粪氮;③取每天排粪量的20%(数量在100～150 g之间),平铺于搪瓷盘中,置于70℃烘箱中烘干(中途轻翻几次,以利快干),取出回潮,测定初水分。然后磨碎过40目筛,贮存于样品瓶中,供吸附水及其他成分测定用。如有防腐冷冻条件,上述三种用途的样品也可以每头猪为单位,按每天排粪量的固定比例留鲜样保存,待正试期收粪结束后,将6 d的鲜粪样集中混匀,一并进行取样处理和测定。

表3－1 采食量及采食干物质总量测定记录计算表

猪号________测定人________计算人________复查人________

日期		喂次	给饲											剩料			食入量		备注
			精料			粗料			青料			小计							
月	日		原样(g)	干物质(%)	干物质(g)	原样(g)	干物质(%)	干物质(g)	原样(g)	干物质(%)	干物质(g)	原样(g)	干物质(g)	原样(g)	干物质(%)	干物质(g)	原样(g)	干物质(g)	
计算方法			1	2	3=(1×2)	4	5	6=(4×5)	7	8	9=(7×8)	10=(1+4+7)	11=(3+6+9)	12	13	14=(12×13)	15=(10－12)	16=(11－14)	

表 3-2 排粪量及排出干物质总量测定记录取计算表

猪号________测定人________计算人________复查人________

月	日	鲜粪加皮重(kg)	皮 重(kg)	鲜粪重(kg)	干物质		
					(%)	(kg)	备 注
合计							

当无条件测定鲜粪中氮含量且又无法保存鲜粪样品时,为防止鲜粪中氨态氮逸失,一般采用加酸固氮法。目前认为较好的方法是在鲜粪样中加入相当于所取鲜粪重的1/4,浓度为10%的酒石酸水溶液(或乙醇),与粪样拌匀后连搅拌用的玻璃棒一起置于70℃烘箱中烘干,按常规法制备样品。酒石酸不含结晶水,纯品置于硫酸干燥器中干燥3~4 h后即可配置溶液。因此,计算样品绝干物质含量时,只要从样品中扣除酒石酸量即可。无论怎样,对每日每头猪粪样的初水分含量最好随时测定。

为了保证收集的猪粪是由试验饲料产生的粪,可用不消化的有色物质标记出来,如洋红或氧化高铁。即在试验开始或结束时于饲料中混入少量标记物质,当粪中出现标记物质时,即开始或停止收粪。另也可采用把收粪期向后推迟24 h的方法。

排粪量及干物质排出量的测定记录与计算表格见表3-2。

③体重

在正试期的开始与结束时均应分别称测试猪的体重,供分析试验测定结果时参考。

4. 饲料养分消化率的计算:

可根据需要进行干物质、有机物、能量、粗蛋白质、粗纤维、粗脂肪、无氮浸出物以及灰分的分析测定,并将以上各项指标在风干样品中的含量统一折算成绝干样中含量,以方便消化试验测定结果的计算。

养分消化率的计算公式如下：

$$\text{饲料养分表观消化率(\%)} = \frac{\text{食入饲料养分量} - \text{粪中养分量}}{\text{食入饲料养分量}} \times 100$$

饲料和粪中化学成分分析记录、饲料消化率测算结果及汇总表格见表3－3、3－4、3－5。

(四)说明

(1)由于动物消化道是体内经吸收代谢后矿物质的重要排出途径，所以，消化试验并不做饲料矿物质成分消化率的测定；维生素在体内会被大量合成或破坏，因而，测定饲料维生素的消化率也没有意义。实践中消化试验只用于进行干物质、有机物、能量、粗蛋白质、粗纤维、粗脂肪、无氮浸出物等项目的分析测定。

表3－3　绝干饲料及粪样中各种成分的计算表

采样人________分析人________记录折算人________复查人________

猪号	样品	干物质		粗蛋白质		粗脂肪		组纤维		无氮浸出物		灰分		备　注
		M	d	M	d	M	d	M	d	M	d	M	d	
1	饲料													
	粪样													
2	饲料													
	粪样													
3	饲料													
	粪样													
4	饲料													
	粪样													
5	饲料													
	粪样													
7	饲料													
	粪样													

M：原样或风干样中的各种成分含量；d：绝干物质中的各种成分含量。

表 3-4　猪消化试验测定结果整理表

猪号________结果整理人________复查人________日期________单位:%,g,kJ/g,kJ

饲料种类		食入饲料中各种成分含量及数量							备注
		干物质	能量	粗蛋白质	粗脂肪	粗纤维	无氮浸出物	灰分	
	含量								
	数量								
	含量								
	数量								
	含量								
	数量								
合计	含量(1)								
	数量(2)								

项目与计算	粪中各种成分含量及数量							备注
	干物质	能量	粗蛋白质	粗脂肪	粗纤维	无氮浸出物	灰分	
含量								
数量(3)								
消化量(4)=(2)-(3)								
消化率(%)(5)=(4)÷(2)×100								
可消化成分或消化能(6)=(1)×(5)								
饲料原样含量(7)								

续表

项目与计算	粪中各种成分含量及数量							备注
	干物质	能量	粗蛋白质	粗脂肪	粗纤维	无氮浸出物	灰分	
原样中可消化成分(8) = (7) × (5)								

(2)对于实践中不宜单独饲喂的单个饲料，其消化率的测定可采用“套算法”，进行两次消化试验：先测一种营养价值比较完善的基础日粮(一般该日粮中含5% ~10%的被测饲料)的消化率；然后再测由70% ~80%此种基础日粮与20% ~30%被测饲料构成的混合日粮的消化率，通过两次试验结果套算出被测饲料的消化率。

计算公式为：

$$D = \frac{100 \times (A - B)}{K} + B$$

式中：D—被测单个饲料的养分消化率；

A—第二次试验测出的含被测饲料的混合日粮的养分消化率；

B—第一次试验测出的基础日粮的养分消化率；

K—第二次试验混合日粮养分中补加被测饲料同名养分所占比例(%)；

为了提高测定单个饲料养分消化率的准确性，最好采用交差试验法。即将试猪随机分为两组，然后按照以下方案进行：

第一组		第二组	
试验	日粮	时间	日粮
第一次 消化试验	基础日粮	预饲期 试验期	70% ~80%基础日粮 30% ~20%被测饲料
5 ~7 d过渡期			
第二次 消化试验	70% ~80%基础日粮 30% ~20%被测饲料	试验期	基础日粮

表3－5　猪消化试验测定结果汇总表

汇总人________复查人________日期________

猪号	消化率(%)							可消化成分(%)						
	干物质	能量	粗蛋白	粗脂肪	粗纤维	无氮浸出物	灰分	干物质	能量	粗蛋白	粗脂肪	粗纤维	无氮浸出物	灰分
1														
2														
3														
4														
5														
合计														
平均														

二、指示剂法——应用指示剂测定日粮养分消化率的方法

(一)原理

运用某种完全不被猪体消化吸收的物质作为指示剂物质来测定饲料养分消化率的方法称为指示剂法或稳定物质法。若假设饲料养分经过猪消化道后没有损失,如同指示剂一样完整无损地排出体外,则粪中养分与指示剂的比值应当和饲料中相应养分与指示剂的比值相等。而实际上,饲料中养分经过消化道后总有一部分被猪体消化吸收,即粪中养分与指示剂的比值必然降低,降低的比值占它们在饲料中比值的百分数即为饲料养分的消化率。运用指示剂法测定饲料养分消化率的计算公式推导如下:

$$某养分消化率(\%) = \frac{M \times \frac{a}{c} - M \times \frac{b}{d}}{M \times \frac{a}{c}} \times 100$$

$$= \frac{\frac{a}{c} - \frac{b}{c}}{\frac{a}{c}} \times 100$$

$$= 100 - 100 \times \frac{bc}{ad}$$

式中:M—日粮或粪中指示剂的绝对质量(g);

a—饲料中某养分含量(%);

b—粪中该养分含量(%);

c—饲料中指示剂含量(%);

d—粪中指示剂含量(%);

从上式可看出,指示剂法的优点是,不必准确测定试猪在试验期间的采食量和排粪量,只需根据此间日粮与粪中养分和指示剂的含量进行计算即可得到结果。因此,该法不仅简化了消化试验操作程序,而且大大减少了工作量。同时,在一些无法直接计算采食量和排粪量的情况下,运用指示剂法也很方便。如,对群饲的家畜不能测定个别动物的采食量。

因此,选择合乎要求的指示剂是保证试验结果可靠性的关键,合适的指示剂应当具备:①无毒、无害,进入猪消化道后完全不分解、不消化吸收,最终无损地随粪排出;②在饲料与粪中分别均匀,即养分必须与指示剂保持恒定的比例。目前主要应用 Cr_2O_3(三氧化二铬,外源指示剂)和 4N—AIA 或 2N—AIA(盐酸不溶灰分,内源指示剂)作为指示剂。应当指出,由于分析测定方法上的误差,使指示剂在粪中的回收率不能达到100%,做严格的饲料消化率测定时,必须利用全收粪法进行校正。此外,此法测得的饲料养分消化率仍为表观消化率。

(二)仪器设备(为分析测定 Cr_2O_3 时用)

(1)分光光度计:国产 722 型;

(2)分析天平:感量 0.000 1 g;

(3)毒气橱;

(4)凯氏烧瓶:100 mL;

(5)量筒:10 mL;

(6)容量瓶:100 mL;

(7)漏斗:直径6 cm;

(8)移液管:1 mL,2 mL,5 mL,10 mL。

(三)药品及试剂

(1) Cr_2O_3:分析纯;

(2) 氧化剂:溶解10 g钼酸钠于150 mL蒸馏水中,慢慢加入150 mL浓硫酸(比重1.84),冷却后加入200 mL高氯酸(浓度70% ~72%)摇匀。

(四)试验方法与步骤

1. 外源指示剂法(Cr_2O_3 法)

(1)试猪的选择

同上述全收粪法(常规法)的试验内容。

(2)日粮配合

同上述全收粪法(常规法)的试验内容。

(3)试验步骤

预饲期与试验期的要求与期限,同上述全收粪法(常规法)的试验内容。

加喂外源指示剂(Cr_2O_3)的方法:分析被测饲料(日粮)的含铬量,确定外源 Cr_2O_3 的实际添加量,使最终喂给试验动物的饲粮中 Cr_2O_3 含量为0.5%,从预饲期就开始饲喂这种含铬饲粮,让试验动物有个适应过程。在饲料中添加 Cr_2O_3 的方法一定要坚持先少量预混后逐级放大的原则,直至与所有的饲料混合均匀。拌和过程中不允许发生 Cr_2O_3 的沾污损失,不得使用饲料搅拌机或用铁锨在水泥地上掺和。全部拌料的操作均应在大的白搪瓷盘中进行。用四分法取得供分析用的饲料样品,按常规法制样并将样品瓶置冷暗处保存。

粪样的收集与制备:由于 Cr_2O_3 在动物粪中并不呈均质状态,在6天的正试期内可每天定时随机抽取鲜粪样品,日取三次,每次约100 g,置冰箱中(或加入10 mL的10%硫酸或盐酸,以防氨氮损失)。然后将6天取得的鲜粪样品以动物为单位集中在一起拌和均匀,按以下两种用途分样①供鲜粪定氮用样品两份,每份

2 ~ 3 g；②其余鲜粪经初水分测定后制成风干样，供干物质、Cr_2O_3 和其他成分测定用。制备风干粪样时应用密封式样品粉碎机，谨防 Cr_2O_3 损失。

(4)试验样品的分析测定

饲料与粪样中干物质及各种成分的测定可参阅本书的有关实验项目。样品中 Cr_2O_3 的分析测定方法如下：

①Cr_2O_3 标准曲线的制作

准确称取绿色粉状的 Cr_2O_3(分析纯)0.050 0 g 于 100 mL 干燥的凯氏烧瓶内，加氧化剂 5mL，置毒气橱中有石棉铁丝网的电炉上用小火消化。直至瓶中溶液呈橙色透明为止。然后将此液无损地移入 100 mL 容量瓶，稀释至刻度。此为 Cr_2O_3 母液，每毫升含 $Cr_2O_3$5 μg。另取 100 mL 容量瓶 7 个，编号，分别准确移取母液 0、2、5、10、15、20、25 mL 于各个容量瓶中，用蒸馏水定容至刻度。在分光光度计上 440 ~ 480 nm 波长下以 0 mL 为对照测出其余各溶液的光密度。根据溶液浓度及光密度读数绘成一条 Cr_2O_3 的标准曲线，备测定饲料和粪中 Cr_2O_3 含量时应用。

②样品中 Cr_2O_3 的测定

准确称取风干样品约 0.5 g(称准至 0.000 1 g)入 100 mL 干燥的凯氏烧瓶中，加氧化剂 5 mL，置毒气橱中有石棉铁丝网的电炉上用小火消化，不时转动凯氏烧瓶。直至瓶中溶液呈橙色透明时为消化结束。如溶液中仍有黑色碳粒，说明消化不完全，需补加少量氧化剂后继续加热。待凯氏烧瓶冷却后将瓶中液体无损地移入 100 mL 容量瓶，用蒸馏水定容至刻度，摇匀。以蒸馏水为对照，在分光光度计上 440 ~ 480 nm 波长下测出样品液的光密度。根据 Cr_2O_3 标准曲线和下述公式计算出样品中 Cr_2O_3 的百分含量：

样品中 $$Cr_2O_3(\%) = \frac{a}{W} \times \frac{V}{10\ 000}$$

式中：a—根据样品液光密度在标准曲线上查出的 Cr_2O_3 含量(μg/mL)；

W—样品重(g)；

V—样品消化液稀释后体积(mL)；

(4)试验记录及整理计算

消化试验一般的观察记录同全收粪法，则：

$$日粮中\ Cr_2O_3(\%) = \frac{Cr_2O_3\ 食入量}{日粮食入量} \times 100\ ;$$

$$粪中 Cr_2O_3(\%) = \frac{a}{W} \times \frac{V}{10\ 000}（有关符号含义同上）;$$

饲料中养分的消化率计算公式见原理部分。

2. 内源指示剂法(酸不溶灰分法,简称 AIA 法)

本法在许多方面与外源指示剂法一致。只是在试验开始时,不需在饲粮中添加和混匀指示剂,只要试验动物对新的饲粮和饲养环境适应了即可进行正式的消化试验。因而更加简化了试验过程中的操作步骤。

(1)饲料的制备与采样

测定纯精料型饲粮养分消化率时,可直接应用全收粪法中饲料的制备与采样方法。如果要测定含青、粗、精料型饲粮的消化率,则应确保试验动物每日食入的青、粗、精料干物质的比例绝对不变。为此,应在试验前一次备足整个试验期所需各种饲料的数量,按每日每次用量分别称出、装袋、编号备用,青料应装入塑料袋置冰箱中保存。每次临饲前将青、粗、精料各取一袋混匀后饲喂。切忌先喂青粗料后喂精料。据试验,青粗料通过猪消化道约需 3 ~ 4 d,为此,要完成一个消化试验至少应备足 7 d 的试验用日粮。安排预饲期 4 d,正式收粪期 3 d。饲料样品应在分装饲料时用四分法分别取出,并按每次各种料的用量比例配合混匀立即测定初水分,然后按常规法制成风干样品贮存于样品瓶中供测干物质、内源指示剂及各种成分用。

(2)粪样的采集与制备

基本上与外源指示剂法相同,只是本法尤其适用于日取粪 3 次,连取 3 天的集粪样方法。

(3)试验样品的分析测定

饲料与粪样中干物质及各种成分的测定可参阅本书的有关实验项目。

内源指示剂——酸不溶灰分的测定有两种方法,即 4N 盐酸不溶灰分法(简称 4N—AIA 法)与 2N 盐酸不溶灰分法(简称 2N—AIA 法)。其中 2N—AIA 在饲料与粪中的含量均较 4N—AIA 多,有利于提高试验结果的准确性。但 2N—AIA 法中样品经盐酸处理后的残渣较多,过滤洗涤时比较繁琐。因此,可根据条件及试验精度任选。此处介绍 2N—AIA 的测定方法(4N—AIA 的测定见试验十三):

在已知重量(Wc)的瓷质坩埚中准确称取 5 g(称准至 0.000 1 g)风干样品入 100 ~ 105℃ 烘箱烘至恒重,得坩埚与绝干样重($We = Wc + Ws$)。然后将盛样品的坩埚放在电热板上,用小火慢慢炭化(坩埚盖微开)。待坩埚中样品炭化至无烟后移入茂福炉中于450℃下灼烧6 h(至样品全呈白色时为止)。冷却后把坩埚中的灰分用100 mL2N盐酸溶液溶解,无损地转移至600 mL直筒平口玻杯中,杯口安装球形回流式冷凝器,在电热板上加热煮沸5 min,注意盐酸溶液的体积不能减少。煮沸结束后即用定量滤纸趁热过滤,用热蒸馏水反复冲洗滤纸与其中的灰分,直至滤纸呈中性(使蓝色石蕊试纸不变色)。将滤纸和灰分放回原坩埚,烘去水分,小心炭化至无烟,置茂福炉中在450℃下灼烧至恒重,得坩埚与2N—AIA重(Wf)。按下式计算2N—AIA的百分含量:

干样中

$$2N—AIA(\%) = \frac{W_f - W_c}{W_e - W_c} \times 100$$

(4)试验记录及整理计算

同前述外源指示剂法。

(五)说明

(1)由于拌和技术及动物采食、消化饲料方面的原因,加入外源指示剂的比例不宜过高,故外源指示剂法不宜用于直接测定单个饲料养分的消化率,只能相对准确地测出整个饲粮的能量、干物质与有机物的消化率。对含量低的粗蛋白质、粗纤维、无氮浸出物,特别是粗脂肪的消化率则很难测准。

(2)内源指示剂法是目前通过饲喂动物测定饲粮养分消化率方法中最简便的一种。但至今从关于AIA回收率的试验报道看,尚未见有100%的理想结果。实际中,饲料和粪中AIA的含量与饲料类型关系较密切。纯精料型日粮及猪粪干物质中的AIA含量较低,青粗精混合型日粮及猪粪干物质中的AIA含量较高。随着饲粮(日粮)中AIA含量的提高,粪中AIA的回收率也在增加,测定结果也就较理想。而且AIA含量高,在饲料中的分别比较均匀,此时用AIA法比Cr_2O_3法更为有利。

实验十六　反刍动物饲料降解率的尼龙袋测定法

一、概要

尼龙袋法是评价反刍动物饲料营养价值的一种快速、廉价和有效的方法,该方法可被用来测定供试饲料在瘤胃中的降解率,进而可直接测得饲粮蛋白质(或其他营养成分)实际进入小肠的数量,可在较短的时间内评价多种饲料的降解率,目前已得到广泛采用。

二、材料和方法

(一)供试动物的饲养与管理

在实际测定工作中,应给予宿主动物能够满足瘤胃微生物特殊营养需要和维持瘤胃内环境的饲粮,以保证供试样品的降解。

1. 基础饲粮　举例如下:

干草	700 kg
大麦	150 kg
甜菜渣	65.0 kg
大豆粉	75.0 kg
食盐	3.0 kg
磷酸钙	5.0 kg
矿物质/维生素	1.5 kg
合计	1 000 kg

注:干草应含有8%的粗蛋白质以及48 h降解率为60%~70%。

使用该饲粮,可使粗纤维的分解保持适当的比例,因为粗纤维的降解与饲养状态有关。例如,给奶牛喂以高浓度饲粮时可使粗纤维降解率低于正常值。

2. 饲喂量:

成年羊=1.25kg/d(按维持需要1.25倍的量算)

成年奶牛=5.6kg/d(按维持需要1.25倍的量算)

3. 动物数量

在评价过程中,至少需要4头成年羊或成年牛(安装有永久性瘤胃套管),羊用套管内径为40 mm,而奶牛用套管内径应适当增大,试验过程中应定期称重以便及时调整饲喂量。

4. 瘤胃套管部位的清洗

套管部位每周应使用清洁剂和温水清洗两次,并定期刮毛。

5. 供试样品的准备：

首先从大量的饲料中获取具有代表性的饲料样品，秸秆和干草应经锤式粉碎机（过 2.5 mm 筛）粉碎。蛋白质补充料如果是坚硬的块状或颗粒饲料则应预先粉碎后才可用以评定之用。

新鲜青草和多汁饲料应在65℃条件下恒重，并进行粉碎。

青贮饲料应进行冷冻，粉碎并过 5 mm 筛，所有排出的汁液应被固体部分吸收完全。

对于配合饲料，通过测定各精料组分的降解率，可以获得更多的信息，例如通过 48 h 降解率来计算代谢能是可能的，但由于各单个组分的降解率有差别，因此要获得一个准确的降解率曲线是有一定困难的。

本项技术不适用于直径小于 45 μm 的微粒样品。

（二）所需物品与操作

1. 所需物品

（1）35 ~ 50 μm 孔径的尼龙袋（或涤纶袋），大小为 $140 \times 90\ mm^2$，标号后待用。

（2）25 cm 塑料管（清洁的 PVC 管），用于固定和连接尼龙袋。

2. 多样品同时评定的步骤

（1）称量已清洁、干燥并标号的尼龙袋重（放入样品后再进行称重）。

（2）干草、秸秆饲料取样重 2 ~ 3 g，精料 5 ~ 6 g，鲜草 10 ~ 15 g。

（3）将样品转移到尼龙袋内。

（4）记录尼龙袋加样品重。

（5）测定样品干物质重。

（6）将尼龙袋分别系在塑料管上，放入瘤胃内进行不同时间的消化培养。

3. 瘤胃培养

（1）在瘤胃中的位置

试验中用于牛的尼龙袋悬吊线长 40 cm，羊的长 25 cm，使袋能随瘤胃运动而游动，有利于袋中内容物的充分降解。也可将尼龙袋夹于塑料管上或用橡皮筋固定在塑料管上，投入瘤胃适当位置，防止袋间缠绕。

（2）培养时间

饲料养分降解速度随培养时间变化而变化，因此需要测定不同时间的降解率。培养最长时间应接近或等于最大降解时间。一般对粗饲料可设置 8、16、24、48、

72 h五个点,而对蛋白质等精饲料则应设置4、8、16、24、48 h五个点,此时间梯度中一般可获得降解率的渐近线,如果在48 h和72 h之间差异很大时,则必须增加测定96 h的降解率直至出现渐近线为止。

(3)培养程序:以下时间表可以参考采用

表3-6 样品培养时间表

周五	周六	周日	周一	周二	周三	周四
72h↓			72h↑			
96h↓				96h↑		
			48h↓		48h↑	
			24h↓	24h↑		
				4h↓	8h↓	
				4h↑	8h↑	
				16h↓	16h↑	

注:"↓"表示放入;"↑"表示取出。

采用该时间表,在一周内可评定大量的样品,同时应当注意在每次放入和取出样品袋时都应随时密封套管顶盖。

(4)样品袋的取出、冲洗和干燥:取出系有尼龙袋的塑料管后应立即放入冷水中以免进一步酵解,然后清洗袋外部的饲料颗粒。冲洗方法是用自来水缓慢细流冲洗,一般5~8 min,以冲洗水变洁净为止。冲洗过程不能用手挤压袋内样品,以免增大消失率。在60~70℃条件下烘至恒重(约48 h),取出冷却、称重并准确记录(尼龙袋+样品)总重。

4. 尼龙袋的重复使用

用后的尼龙袋如需重复使用时,应清洗干净,干燥并需在显微镜下进行检查,如有损坏应予剔除。

(三)结果计算

通过测定供试样品在消化前与消化后的干物质含量、有机物含量和氮含量等项指标便可测得上述指标的损失率,指标的计算方法如下:

(1)干物质损失率(%) $= \frac{\text{消化前干物质量} - \text{消化后干物质量}}{\text{消化前干物质量}} \times 100$

(2)有机物损失率(%) = $\frac{\text{消化前有机物量}-\text{消化后有机物量}}{\text{消化前有机物质量}}\times 100$

(3)氮损失率(%) = $\frac{\text{消化前氮量}-\text{消化后氮量}}{\text{消化前氮量}}\times 100$

注:具体测定见表3-7。

(4)关于清洗损失的校正:

当需要描绘完整的降解曲线时,测定料袋的损失十分必要。在用冷水清洗之前,首先将样品袋反复用温水清洗,以测定小颗粒和水溶性物质损失率,同时还应测定温水处理样品时可透过滤纸的水溶性物质量,这部分是消化过程中可利用部分,二者之差便是清洗时的小颗粒物质损失量,对前述损失率应加以校正,小颗粒损失率计算方法如下:

例:小颗粒+水溶性物质损失率(%)=15.1

(注:用清水清洗尼龙袋+样品的损失率)

透过滤纸损失的水溶性物质(%)=6

小颗粒损失率=15.1-6=9.1

表3-7　样品降解率测定记录表

测定者	尼龙袋编号	动物编号	干尼龙袋重(g)	尼龙袋+样品重(g)	袋与培养后样品重(g)	样品重(g)	全干样品重(g)	培养后样品重(g)	可降解样品重(g)	样品DM降解率(%)	培养时间(h)	样品特征
1	2	3	4	5	6	7	8	9=(6-4)	10=(8-9)	$11=\frac{10}{8}$		
		A										
		B										
		C										
		D										
		清洗损失										

(四)讨论

饲料干物质的降解率通常存在一个潜在的渐近线,可用下列数学模型表示:

$$P = a + b(1 - e^{-ct})$$

式中：P—时间 t 的降解率；

a—t 为零时的截距，又表示可溶性物质消失量；

b—表示不可溶但可被降解的部分；

c—b 的降解常数；

t—降解时间；

$a+b$—最大降解量（潜在渐近线）；

举例如下：

设试验测得 $t=8\text{h}, a=6, b=86, a+b=92$。

由模型可得：

$$e^{-ct} = \frac{a+b-P}{b}$$

$$e^{-8c} = \frac{6+86-48}{86} = 0.511\ 6$$

0.511 6 的自然对数为 $-0.670\ 2$

所以，$-8c = -0.670\ 2$

$$c = \frac{0.670\ 2}{8} = 0.083\ 8$$

由此可知，该饲料每小时被降解 8.4%。

由于小颗粒蛋白质补充料在瘤胃中被降解的程度取决于其降解速度和在瘤胃中的滞留时间。因此，为了准确地测定进入小肠的饲粮蛋白质，不仅需要测定降解速度，还需要测定瘤胃的外排速度。将外排速度“k”引入该方程式，则有效降解率 P 就用下式测定：

$$P = a + \frac{bc}{c+k}$$

实验十七　水产动物消化率的测定

一、原理

水产动物有的存在胃，有的不存在胃。对于有胃水产动物，饲料从食道进入胃中，经一定程度的消化后移入肠道，无胃水产动物则饲料直接进入肠道。在肠道中由幽门垂、胰腺、肠分泌各种消化酶对饲料中各种营养成分进行分解，分解终产物氨基酸、脂肪酸、葡萄糖等经肠壁吸收进入体内，不消化物质则作为粪便排出体外。

饲料养分消化率是指饲料养分被水产动物消化吸收部分占食入部分的百分比，其计算公式：

$$\text{饲料某养分消化率}(\%) = \frac{\text{食入某养分量} - \text{粪中排出某养分量}}{\text{食入某养分量}} \times 100$$

由于水产动物生活在水中，饲料营养成分和粪中成分都可能溶解于水或扩散至水中，造成饲料与粪便难于区分，故水产动物消化实验，采用给料水槽和排泄水槽，在给料槽中水产动物采食一定时间和一定量的饲料后即转入排泄水槽中，排泄水槽中养分的增加部分被视为未被消化吸收的部分。

为避免饲料和排粪计量的麻烦，水产动物消化试验目前多采用指示剂法，指示剂应是性质稳定可与饲料或粪便均匀混合、不被水产动物消化吸收、对动物无害、不溶于水或酸等溶液，而且可完全排出的物质。硫酸钡、氧化铁、木质素、氧化铬、酸不溶灰分等均可作为指示剂物质，目前多采用 Cr_2O_3 作指示剂。

指示剂法是把指示剂均匀地混合在饲料中投喂水产动物，然后根据饲料和粪中指示剂的比例变化，计算出实验动物对某种饲料养分的消化率。其计算公式为：

$$\text{养分消化率}(\%) = 100 - \frac{\text{饲料中指示剂}}{\text{粪便中指示剂}} \times \frac{\text{粪便中某养分含量}}{\text{饲料中某养分含量}} \times 100$$

二、仪器设备

(1)水族箱(视动物种类和数量定大小)；

(2)充氧器；

(3)鱼网；

(4)分光光度计；

(5)消化毒气柜。

三、药品及试剂

(1) Cr_2O_3：分析纯；

(2)氧化剂：溶解 10 g 钼酸钠于 150 mL 蒸馏水中，慢慢加入 150 mL 浓硫酸(比重 1.84)，冷却后加入 200 mL 高氯酸(浓度 70% ~72%)摇匀。

四、操作步骤

1. 试验动物

选择同批培育、体重相近、健康的试验水产动物若干尾(体重 500 g 以下的动物以 10 ~20 尾为宜,500 g 以上的动物 6 ~10 尾,1000 g 以上的动物 3 ~6 尾为宜,100 g 以下的动物以 30 尾以上为宜),要求游水活跃的个体,置于试验用水族箱中,水族箱要求安装充氧机。

2. 日粮配合

按试验设计或所选水产动物品种的饲养标准配制日粮,在试验日粮中混入 0.5% ~2% Cr_2O_3 指示剂,然后采样供分析用。

3. 试验步骤

试验分两期进行,即预饲期和正式试验期。

(1)预饲期

一般以一周为宜。在此期间的主要目的是,让动物适应试验日粮及饲养管理环境,并观察动物的采食和排泄情况。

(2)正试期

以 24 h 较合适。当在预饲期那水产动物采食正常而且量比较稳定后,将动物用网捞起并用清水洗净,再转入另一水质干净无饲料的水族箱内,在 24 h 结束时采取粪样(为防止粪样扩散或被微生物分解,可将水族箱底部制成漏斗状,并在底部有活开关,可以让粪样从底部流出)。

4. 粪样处理

采集的少量粪样可以用定量滤纸过滤后,与滤纸一起置于 105℃烘干,测定干物质含量,然后用于分析能量和粗蛋白质、Cr_2O_3 量等。

5. Cr_2O_3 的分析测定:

参见前面有关试验内容。

五、结果计算

日粮中某养分的消化率计算公式见原理中列示。

六、应用 4N—AIA 法测定畜禽日粮中养分的消化率

此法比 Cr_2O_3 法更简易、准确。根据试验材料证明,直接法与 4N—AIA 法无论

在能量或蛋白质的消化率,均无显著差别。此法不加 Cr_2O_3,需测定饲料和粪中 4N—AIA 的含量。其他步骤同 Cr_2O_3 法。

4N—AIA 的分析测定:

(1)在 500 mL 的三角瓶中称取 10~12 g(准确至 0.000 1 g)干燥、磨碎的样本(W_s,校正为全干重量)两份。加入 100 mL4N—HCl(1 份样本加 10 份 4N—HCl),在排烟柜内电热板上徐徐煮沸 30 min,三角瓶口安装回流冷却管,以防 HCl 和 H_2O 损失。

(2)用直径 120 mm 快速定时滤纸过滤。而后用热蒸馏水(85~100℃)洗涤至无酸性反应。然后,将灰分与滤纸移入已知重量的 100 mL 坩埚(W_e)中,在 650℃ 高温炉内灼烧约 6 h。

(3)灰化后,坩埚移入干燥器内冷却至室温,再称重(W_f)。

(4)结果计算:

$$4N—AIA(\%) = \frac{W_f - W_e}{W_s} \times 100$$

式中:W_f—坩埚与灰分总重(g);

W_e—空坩埚重(g);

W_s—干样本重(g)。

实验十八 家禽饲料代谢能的测定

一、常规法测定家禽饲料(粮)的表观代谢能

(一)原理

根据单胃动物饲料代谢能的定义知道,只要测出供试动物一定时间内食入某种饲料的总能和在相同时间内排出的粪尿能,即可计算得到此种饲料对于该类动物的代谢能值。为此,对一般的单胃动物要想测定其饲料的代谢能,就需要在消化试验的基础上再增加一道集尿的程序,同时测出食入饲料和排出粪尿的总量与能值。对家禽由于其粪尿一起经泄殖腔排出,家禽的粪尿统称为家禽的排泄物。因此,按常规法测定家禽饲料的代谢能时,只需要收集记录食入饲料与排出排泄物的

质量,测定出各自的能值后即可计算。这是测定饲料代谢能用家禽比用其他单胃动物简便的地方,也是目前家禽饲料能量价值评定普遍使用代谢能值的原因。

(二)仪器设备

(1)药物天平:500 g,感量0.1 g;

(2)分析天平:感量0.000 1 g;

(3)台称:5 kg,感量5 g;

(4)热量计:绝热式,GR3500型;

(5)烘箱:60~105℃,温度可调控;

(6)冰箱:家用,160 L;

(7)培养皿:直径,12 cm;

(8)代谢试验笼:60 cm×45 cm×50 cm带食盘、饮水杯和活动集粪盘;

(9)塑料食品袋:250 g装;

(10)刮刀:漆工用;

(11)镊子;

(12)洗耳球;

(13)样品瓶:250 g装;

(14)样品粉碎机;

(15)新洁尔灭;

(16)10%盐酸溶液。

(三)试验方法步骤

1. 试禽的选择与饲养管理

家禽饲料的代谢能一般用鸡来做。试验用鸡必须健康、营养正常,品种、年龄、性别一致,体重相近,并已按免疫程序进行了正常免疫注射。每个饲料至少要5只鸡参与有效测定,如用小鸡来进行饲料代谢能的测定,可用淘汰的已鉴别公雏,于2周龄时开始试验,5~10只为一组,养于一只代谢试验笼内,作为一个测定单元(即当一只成年鸡、排泄物作一个样品对待)。若选用大鸡,则不论公母均每笼一只。开始选择试鸡的数量应足够多,以备在预饲期中进行淘汰。

代谢试验笼内应配有盛水器皿,以便在试验期随时给试鸡供应饮水。喂料装置与其他饲养管理措施则按试验设计要求执行。

2. 试验饲粮的准备

与消化试验一样,试前应按配方要求和试鸡的采食量一次备齐备足试验期间所需的各种饲料。切忌在试验中途更换饲料和品种。将准备好的饲料按制定的配方进行配合并制成颗粒,这样可防止在饲喂过程中发生饲料的抛撒损失及对排泄物的污染。

3. 试验鸡的驯养与预饲

将选好的试验鸡饲养在代谢试验笼内,逐渐加喂准备好的试验期饲粮,让试鸡有一个适应新的饲料和新的饲养管理条件的过程。此外,要观察检查饲喂设备是否撒料,如果是,应及时调整;要摸清试鸡采食和排粪尿规律,确定每日排泄物收集分界点、日喂饲次数与每次喂料量。按每次的喂料量将试验期所需饲粮分别称出装袋、编号备用,同时按常规法取得被测饲粮样品粉碎过 40 目筛,装入样品瓶备测干物质含量和能值。由于试鸡的消化道较短,食入的饲料,其残渣在 24 h 内即可排净;另外,鸡适应新饲料约需 48 h 左右。因此,试验鸡的驯养预饲期至少要有3 d 的时间。预饲期结束之后,淘汰不易调教及采食不规则的鸡,每个饲料留足至少 5 个测定单元即可进入正试期。

4. 正试期及排泄物的收集处理

正试期一般为 4 d。在此期间,每天均要定时定量饲料,饮水不断。按试验设计规定的次数和要求收集处理每天的排泄物,具体操作如下:

供试鸡于正试期开始前一天的 18 时停料停水。试验开始的第一天早晨 6 时,称取试鸡空腹体重。称重后,立即在代谢笼上安上活动集粪盘(镀锌白铁皮、塘瓷盘或塑料薄膜等均可),以备收集排泄物。随即喂料喂水。试验期间每天加料加水各四次(分别在 7、10、14、18 时),并准确记录每只鸡每日的实际采食量。采食量等于给料量减余料量再减撒料量。正试期第四天 18 时喂料后待试鸡停止采食,即取下饲槽和水槽,停食停水。

排泄物的收集次数与时间:正试期第一天的 16 时收集第一次排泄物,以后每天收集两次(分别在 6 时和 16 时)。试验开始后的第五天早晨 6 时收集最后一次排泄物。随后再称取试鸡的空腹重。至此,代谢试验的饲喂、收集排泄物工作即告结束。

排泄物的收集处理方法:以笼为单位,在每次收集排泄物时,先清理掉排泄物上的鸡毛皮屑和饲料(用镊子和吹耳球吹)。对清理掉的饲料要计量,以便从每日喂料量中扣除。而后用刮刀无损地将全部排泄物刮入已知重量的同一铝盒或带盖搪瓷盘中,加入数滴甲苯,以防排泄物变质。随后将排泄物放入 0 ~4℃冰箱中保存。夏季应于每天的中午用注射器喷洒 10% 的盐酸溶液于排泄物上,用以固定排泄物中的氨。待正试期 4 天的排泄物全部收完后,先称取排泄物的总量,后铺平放入 65 ~70℃的烘箱中烘干测定初水分。用粉碎机粉碎过 40 目筛并充分混匀后装入样品瓶供吸附水和能值测定用。

(四)饲料样品及排泄物的干物质与能值测定参见本书有关实验项目

(五)试验记录及计算表格

将试验所获资料记入家禽饲料表观代谢能测定记录计算表 3 –8、3 –9 中。

表 3 –8　家禽饲料表观代谢能测定记录计算表

鸡品种________鸡日龄________测定饲料名称________

记录人________复查人________试验起止日期________

鸡(笼)号	食入饲料(g)								收集排泄物(g)					
	给料记录					剩料量	撒料量	实际食入量	盒号	空盒重	盒 + 排泄物		排泄物	
	第1天	第2天	第3天	第4天	合计						湿重	风干重	湿重	风干重
1	2	3	4	5	6	7	8	9 =(6 – 7 –8)	10	11	12	13	14 = (12 –11)	15 = (13 –11)
合计														
平均														

表 3－9　家禽饲料表观代谢能测定记录计算表

鸡品种________鸡日龄________测定饲料名称________

记录人________复查人________试验起止日期________

鸡（笼）号	饲　料				排　泄　物				鸡体获得		饲料代谢能值 MJ/kg	
	风干料		食　入		风干排泄物		排　出					
	干物质（%）	能量（KJ/g）	干物质（g）	能量（KJ/g）	干物质（%）	能量（KJ/g）	干物质（g）	能量（KJ）	干物质（g）	能量（KJ）	风干基础	绝干基础
1	16	17	18 = (9×16)	19 = (9×17)	20	21	22: (15×20)	23 = (15×21)	24 = (18－22)	25 = (19－23)	26 = (24÷9)	27 = (26÷16) ×100
合计												
平均												

（六）后注

1. 表观代谢能的快速测定法

利用家禽消化道短、排空速度快的特点，可进行家禽饲料表观代谢能的快速测定。其方法简述如下：将选好的试验用成年公鸡于试验前停料不停水饥饿 24 h，迫使其在接着的 60 min 内食入 70 g 左右的被测饲粮（具体计算时按实际采食量，等于给料量减剩料量）。随后继续停料不停水，收集 24 h 排泄物，称重、烘干、回潮得初水分后粉碎过 40 目筛。分析测定出饲粮与排泄物的干物质及能值，即可计算得到此种饲粮的表观代谢能（AME）。如要连续测另一饲粮的 AME 值，两期间不需设过渡期，可仿照第一期先进行同样的饥饿处理，后喂被测饲粮，随即再饥饿和收集排泄物。为了提高此法测定结果的准确性，应增加测定的重复数，每种饲粮用于有效测定的鸡数至少在 10 只以上。

2. 指示剂法

为了避免试验期间各种外来物对鸡排泄物的污染，减少收集排泄物的工作量也可采用类似猪消化试验中的指示剂法来进行鸡饲料表观代谢能的测定。同样可分外源指示剂法和内源指示剂法。具体的试验方法步骤和注意事项与消化试验中的指示剂法基本相同。试验期的划分和天数则与鸡饲料表观代谢能测定的常规法相同。结果的计算方法为：

饲粮表观代谢能(KJ/g)

$$= \text{饲粮能值(KJ/g)} - \frac{\text{饲粮中指示物含量}}{\text{排泄物中指示物含量}} \times \text{排泄物能值(KJ/g)}$$

3. 单个饲料表观代谢能的测定

为了测定单个饲料的表观代谢能，在常规法中必须进行两次代谢试验。最后应用套算法才能算出饲粮中某个饲料的表观代谢能。由于家畜群体的特殊性，同时满足试验条件的鸡数可以很多，因此，实际中常采用分组试验法：即将试验鸡按相同与相似的原则分成两组，一组用于测定基础饲粮的 *AME*，另一组测定由适当比例待测饲料取代基础饲粮后组成混合饲粮的 *AME*。基础饲粮和混合饲粮的各项营养指标应尽可能一致。待测饲料取代基础饲粮的比例(按干物质计)以 20% ~ 30% 为宜。其余的试验步骤与操作方法和常规法相同，待测出基础饲粮与混合饲粮的 *AME* 值后，用下式计算待测单个饲料的 *AME* 值：

$$\text{待测单个饲料 } AME\text{(KJ/g)} = B - \frac{100 \times (B - T)}{i}$$

式中：B—基础饲粮的 *AME*(KJ/g)

T—混合饲粮的 *AME*(KJ/g)

i—待测饲料取代基础饲粮的比例(%)

二、家禽饲料真代谢能(TME)的快速测定

(一)方法原理

家禽在其生命活动过程中不断进行着物质代谢过程，其代谢产物中所含的能量一部分经消化道随粪排出称代谢粪能(FEm)，另一部分则随尿排出称内源尿能(UEe)。在 AME 测定中，因未考虑到 FEm 和 UEe 的扣除，导致采食量大小对测定结果的影响比较明显，试禽采食量过小，排泄物也少，假设 FEm 和 UEe 不变，则

FEm 和 UEe 占排泄物能值的比例就相对减少。如果在饲粮代谢能测定过程中,减去内源代谢产物中所含的能量,即计算饲料的真代谢能(TME),则可排除内源排泄物占试验期排泄物比例或大或小的影响,从而使测出的结果比较准确。家禽的内源排泄物可在试禽的饥饿空腹期测出。由于其他动物的消化道结构长而复杂,其消化道中食物残渣的排空速度慢,很难测准它们在正常饥饿状态下的内源排泄量。因而本法只限在家禽中应用。

(二)仪器设备及药品试剂

与饲料表观代谢能测定的常规法相同。

(三)方法步骤

1. 试验鸡的选择、编号、分组

选择 10 周龄以上小公鸡 10 只左右,按相同与相似原则配成 5 对以上,在正式测定期保留 3 ~4 对。试验鸡按对编号,每对中的鸡以下标来区分,以防在收集记录整理样品与数据时发生混淆。一对中的两只鸡按随机的原则,一只进入喂料组,另一只进入饥饿组。

2. 试验饲粮的准备与制样

按试验设计要求备齐饲料种类,备足数量后进行配合,并制成颗粒(饲粮加适量水用家用绞肉机挤成颗粒后烘干或晒干),然后按试验时的一次喂料量将饲料称出、装袋、编号备用。同时按常规法取样制样后置样品瓶中供干物质和能值的测定。

3. 试验鸡的驯养准备

将选好的试鸡置个体代谢试验鸡笼内,进行隔日一次给料的饥饿喂料训练,迫其在较短的时间(10 min)内自食完试验期间规定的一次喂料量(一般为 50 g)。试验鸡自由饮水。待试鸡完全适应此种处理后,开始正式试验。

4. 正试期

由预饲(过渡)期、排空期和收集期 3 个阶段组成。预饲(过渡)期的前段让试鸡自由采食全价料,最后一次喂被测料,然后停料不停水进入排空期。排空期结束后,喂料组即给规定量的被测料并立即在笼底装上收集排泄物的装置开始收集排泄物。直到收集期结束时,两组同时撤掉笼底的排泄物装置,做好记录以便移到另外一个地方进行排泄物的处理。若要继续测定另一种饲粮的 TME,只需将两组鸡的角色交换一下之后即可进入新一轮的试验(见表3－10)。

5. 排泄物的处理

将撤下的排泄物收集装置平放在平台上,镊去和吹去排泄物上的羽毛、皮屑,拣去其中的饲料称重,并从该鸡的喂料量中扣去得到该鸡的实际采食量,然后用漆刀将排泄物无损地刮入已知重量的培养皿中,编号、称重后置65～70℃烘箱中烘干,室温下回潮后称重,得到初水分含量和风干排泄物重。粉碎排泄物过40目筛,装入样品瓶中供测干物质和能值。测定方法见本书有关实验项目。

6. 试验记录

以配对方式将试验所获资料记入家禽真代谢能测定记录计算表3－11、3－12中。

7. 计算

(1) $AME(KJ/g) = \frac{GE - Y_{ef}}{W}$

(2) $TME(KJ/g) = \frac{GE - (Y_{ef} - Y_{ec})}{W}$

式中:GE——食入饲料总能(KJ);

Y_{ef}——成对中食料鸡排泄物总能(KJ);

Y_{ec}——成对中饥饿鸡排泄物总能(KJ);

W——食料鸡饲料食入量(g)。

表3－10　正试期各阶段的具体时间与工作安排

期别	第一次测定			第二次测定		
	预饲期	排空期	收集期	过渡期	排空期	收集期
时间	4 d	32 h	32 h	4 d	32 h	32 h
喂料组	前段自由采食全价料,最后一次喂被测料,食后停料不停水,进入排空期。	经32 h排空期后,让试鸡在10 min内食完50 g被测料,便立即开始收集排泄物进入收集期。	收满32 h后停止。即第一次测定的饲喂收集工作结束。	作饥饿组,同第一次测定的饥饿组处理。		
饥饿组	同上处理	继续停料但不停水,并与喂料组同时开始收集排泄物。	同上处理	作喂料组,同第一次测定的喂料组处理。		

表3－11　家禽饲料真代谢能测定试验记录计算表

鸡品种________鸡日龄________测定饲料名称________

记录人________复查人________试验起止日期________

鸡对号	饲料			排泄物										备注
				喂料鸡					饥饿鸡					
	给量(g)	撒(剩余)料量(g)	食入量(g)	皿号	皿重(g)	皿+排泄物湿重(g)	皿+排泄物风干重(g)	排泄物风干重(g)	皿号	皿重(g)	皿+排泄物湿重(g)	皿+排泄物风干重(g)	排泄物风干重(g)	
1	2	3	4＝(2－3)	5	6	7	8	9＝(8－6)	10	11	12	13	14＝(13－11)	15
合计														
平均														

表 3－12　家禽饲料真代谢能测定试验记录计算表

鸡品种________鸡日龄________测定饲料名称________

记录人________复查人________试验起止日期________

鸡对号	饲料				喂料鸡排泄物				饥饿鸡排泄物			
	干物质（%）	能值（KJ/g）	食入		干物质（%）	能值（KJ/g）	排出		干物质（%）	能值（KJ/g）	排出	
			干物质（g）	能值（KJ）			干物质（g）	能值（KJ）			干物质（g）	能值（KJ）
1	16	17	18＝（4×16）	19＝（4×17）	20	21	22＝（9×20）	23＝（9×21）	24	25	26＝（14×24）	27＝（14×25）
合计												
平均												

实验十九 氮碳平衡试验

一、原理

氮碳平衡试验是研究营养物质代谢的基本方法,是物质代谢试验法的本质。它通过测定营养物质食入、排泄和沉积在组织或畜产品中的数量,并用以估计动物对营养物质的需要和饲料营养物质的利用率。常用以研究能量和蛋白质的需要和利用情况。

研究物质代谢试验时,测定饲料的代谢率并不计算水分及矿物质的吸收和排泄,因为它们不能提供动物机体热能,而只考虑蛋白质、脂肪和碳水化合物三大营养物质的吸收和利用情况。碳水化合物在动物体内含量过少,且在正常饲养管理条件下碳水化合物在动物体内含量比较稳定,通过根据动物摄入和排出蛋白质及脂肪的变化情况,来估计蛋白质和脂肪在动物体内的沉积与分解状况,进而对采食营养物质的价值做出评定。一般蛋白质和脂肪的沉积与分解则可用氮和碳的平衡来测定。所以氮碳平衡试验是研究日粮蛋白质需要与利用、评定饲料蛋白质营养价值、确定动物对能量的需要和日粮能量的利用率的一种基本方法。

1. 氮平衡试验:

氮平衡试验主要用于研究动物蛋白质的需要,饲料蛋白质的利用率以及比较饲料或日粮蛋白质的质量。测定的方法除增加尿液的收集和分析外,其他均与消化试验相同,如不考虑微量皮屑的损失,通过粪氮和尿氮的测定就可知道体沉积氮。试验需在代谢笼(柜)中进行,粪尿分开收集,最后采用公畜和颗粒饲料有利于粪尿的收集和避免粪尿与饲料的相互污染。N 平衡用来表示动物体内 N 的收支情况,表明动物机体是处于蛋白质的贮存还是消耗情况。当食入的 N 大于排出的 N 时,称为正 N 平衡;当食入的 N 小于排出的 N 时,称为负 N 平衡,当食入的 N 等于排出的 N 时,称为 N 的等平衡。

根据食入氮、粪氮和尿氮便可进行如下计算:

饲料 N = 粪 N + 尿 N +(或 -)体内沉积(或分解的)N

食入 N -(粪 N + 尿 N)= 沉积 N

沉积 N ÷ 食入 N = N 的总利用率

(食入N—粪N)÷食入N=N的消化率

沉积N÷消化N=消化N的利用率

氮的沉积除了受动物、性别、年龄和遗传因素的影响外,另一重要影响因素是日粮蛋白质的数量和质量,对单胃动物尤其如此。通过氮平衡试验确定蛋白质需要应注意的是,供试日粮蛋白质水平能满足需要,必需氨基酸的数量足够,比例恰当以及其他营养物质适量,使动物能充分发挥潜力。如果测定某个饲料或日粮蛋白质的利用率,则采用限食。原则是食入蛋白质(氨基酸)的量不超过或稍低于动物所需要的量。

2. 碳平衡试验:

碳平衡试验主要用以测定动物体内脂肪的增减情况,研究动物对脂肪的需要、脂肪的代谢效率,从而推断动物对能量的需要、脂肪在能量代谢中的重要作用和能量利用率。

饲料中的脂肪被动物摄入,经过消化后分解为脂肪酸和甘油,不能被消化的从粪中排出。血液进入的脂肪一部分氧化分解提供动物机体能量,还可以能量贮备形式在体内沉积,还可以肝糖的形式在碳水化合物代谢时为机体利用。而饲料中无氮物质所含的碳在体内的归宿是它的氧化产物(CO_2)和所沉积的脂肪。体内产生的二氧化碳,全部集中于血液,经肺呼出体外,这是碳排泄的主要途径。

动物采食饲料中的碳在动物体内代谢主要经过以下几个途径:碳以饲料内未消化的物质从粪、尿中排出;通过呼吸作用排出CO_2,由于食物在消化道中的发酵,从可消化碳水化合物形成为肠内气体(CO_2、CH_4)而损失;在氨基酸、脂肪、葡萄糖等消化吸收产物中的其余碳从肠道吸收入血液和淋巴后运送到整个体组织参与物质循环和能量代谢。所以随饲料进入动物体内的碳、主要经粪、尿、畜产品和气体而排出体外。

碳的平衡可按下面公式表示:

饲料C=粪C+尿C+呼吸产物(CO_2)C+肠道气体(CH_4)C+沉积体内或分泌产品(如乳)内的蛋白质和脂肪中的C,因此在作碳平衡工作时不仅要测定粪、尿中碳的含量,还须测定所形成的气体,要进行动物的气体代谢试验。

3. 碳氮平衡试验

碳氮平衡(或称氮碳平衡)试验是把碳、氮平衡试验结合起来研究在体内沉积的蛋白质和脂肪的数量,常用于估计动物对能量的需要和饲料能量的利用率。应用此法的前提是假设机体能量的沉积和分解只有脂肪和蛋白质。碳平衡试验是测定能量平衡时常用的一种方法,因动物能量的来源都含有碳和氮,因此只要知道了食入饲料碳、氮的去向,根据碳、氮化合物的产热(常数)可估计出动物对能量的需要和饲料能量和利用率。所以需测定食入饲粮、粪、尿、CH_4 和 CO_2 中的 C 和 N 的含量。

表 3－13 是用碳氮平衡测定某一饲料能量利用率(沉积能)的例子。

表 3－13　碳氮平衡测定结果

阶段 项目	第一阶段(基础日粮)		第二阶段(基础日粮＋待测日粮)	
	C(g)	N(g)	C(g)	N(g)
饲料	2 500	160	3 600	200
粪	600	35	700	50
尿	100	120	130	140
CH_4	130	—	160	—
CO_2	1570	—	2 110	—
相差	＋100	＋5	＋500	＋10
一、二阶段相差	—	—	＋400	＋5

因每克蛋白质平均含碳 52%、氮 16%,产热 23.8 KJ;而每克脂肪含碳 76.7%、氮为零,产热 39.7 KJ。因此 400 g 碳和 5 g 氮的脂肪和蛋白质的能值(沉积能)为:

$$39.7 \times \frac{400 - 0.52 \times \dfrac{5}{0.16}}{0.767} + 23.8 \times \frac{5}{0.16} = 20\,607(\text{KJ})$$

如果知道了沉积、粪、尿和甲烷能,根据能量平衡原则可推算出畜体产热。

下面以氮平衡为例说明氮碳平衡试验。

二、仪器设备与试剂

(1)消化代谢笼;

(2)吸尿装置(橡皮袋或管);

(3)棕色玻璃收尿瓶:2 000 mL,3 个;

(4)带盖量筒:2 000 mL,2 个;

(5)尿比重计;

(6)半微量凯氏定 N 装置:1 套;

(7)抽气机:2 台;

(8)容量瓶:100 mL,2 个;

(9)pH 测定仪:1 套;

(10)移液管:10 mL,1 个、5 mL,8 个;

(11)量筒:10 mL,5 mL,各 4 个;

(12)洗瓶:2 个;

(13)洗瓶装硫酸液:1∶10,2 个;

(14)浓硫酸:比重 1.84,5 mL;

(15)甲苯:10 mL。

三、测定方法

通常代谢试验是在消化试验的基础上进行的。N 平衡试验也是代谢试验,故代谢试验可与消化试验结合进行。首先,应根据试验目的做好消化代谢试验的试验设计方案。例如,在条件许可时可采用拉丁方或因子试验设计,这样不但节省试验动物的头数,并可对试验数据进行变量分析,提高试验结果的精确性。在一些情况下,消化、代谢试验可与大群饲养试验相结合进行。这样,可更全面、深入地对研究的问题进行探讨。本次 N 平衡试验可在上次消化试验的基础上进行,测定步骤如下:

1. 试畜(至少三头)的选择与准备

2. 饲料及日粮的配合

3. 预饲期与试验期

4. 粪样的收集

(以上各项要求,完全同消化试验实习内容。)

5. 尿样的收集

每天 24 h 的尿样应定时进行收集(24 h 尿样的收集时间,由上午第一次饲喂时起至翌晨饲喂前止)。根据不同试畜规定的试验期(即收集期)天数,每天每头试畜的总尿量,用 2000 mL 带盖量筒量其体积,并记录之。将尿样摇匀后,取其 1/10量倾入另一棕色玻璃瓶(瓶外应标记畜号),并按每 1000 mL 尿样加入 5 mL 浓 H_2SO_4 以保存氨 N(为了防腐,也可加入少量甲苯)。在 4℃条件下贮存。整个试验期间,每天每头试畜的尿样,均按同样收集方法,按日把尿样并入棕色玻璃瓶内混匀后保存。试验结束时，将全部尿样在棕色玻璃瓶中摇匀后，取一定量尿样，供测定总 N 量之用。尿中总 N 量的测定方法见本实验附。

6. 试验动物每日采食量记录表、每日排粪和尿量记录参见实验十一。

四、结果计算

1. 食入 N 量

可根据：

试畜 24 h 日粮食入总量(g) $=A$

日粮中蛋白质含量(%) $=B$

试畜 24 h 食入蛋白质总量 C(g) $=A\times B\div 100$

试畜 24 h 食入总 N 量(g) $=C\times\frac{16}{100}$

2. 排出 N 量

可根据：

试畜 24 h 排出粪量(g) $=a$

粪中蛋白质含量(%) $=b$

试畜 24 h 粪中排出蛋白质总量 c(g) $=\frac{ab}{100}$

试畜 24 h 粪中排出总 N 量(g) $=c\times\frac{16}{100}$

试畜 24 h 排尿量(mL) $=a'$

每 100 mL 尿中蛋白质含量(g) $=b'$

试畜 24 h 尿中排出蛋白质总量 c'(g) $=\frac{a'b'}{100}$

试畜 24 h 粪中排出总 N 量(g) $=c'\times\frac{16}{100}$

3. N 平衡计算

沉积 N 量(g) = 食入总 N 量(g) − 粪中排出总 N 量(g) − 尿中排出总 N 量(g)

$$\text{日粮消化 N 的利用率(\%)}=\frac{\text{沉积 N 量}}{\text{食入 N}-\text{粪 N}}\times 100=\frac{\text{食入 N}-(\text{粪 N}+\text{尿 N})}{\text{食入 N}-\text{粪 N}}\times 100$$

（日粮可消化蛋白质的利用率）

附　尿中 N 的分析

蛋白质代谢可由三个方面来测定:①应用尿 N 的分析方法;②应用 N 平衡的分析方法;③应用血液中蛋白质的分析方法。尿的成分既然是代表新陈代谢的产物,因而它们排出量的变化可以反映体内代谢的情况。在 24 h 内,不同时间排出的尿液含的各种成分,彼此差异很大。因此,在进行尿液的定量分析时,不是要求知道各种成分在尿液内百分比,而是要知道在 24 h 内,从肾脏排出该测定成分的总量。因此必须将 24 h 内所排出的尿液全部收集在一起,混合后方能进行分析。

一、目的

掌握尿 N 的化学成分分析方法。根据尿 N 量来评定日粮中蛋白质代谢是否正常,并印证家畜的尿 N 量与日粮中蛋白质水平的相互关系。

二、原理

各种家畜在正常生理状况下,尿的颜色、比重和 pH,均有一定的特征。尿中化学成分也有它一定的常数,因此,根据家畜尿的分析结果可以检查日粮中物质代谢的情况。家畜尿中的氮的存在形式和数量与家畜日粮中蛋白质的质和量有密切关系。由尿的总氮量、氨氮量和尿素氮量的分析结果,可作为评定日粮中蛋白质代谢的一种指标。

三、仪器与试剂

(1)测定 pH　试管(10 mm × 100 mm)、移液管(1 mL)、量筒(5 mL);

(2)测定总氮量(仪器见实验二饲料中粗蛋白质的测定)。

四、方法步骤

1. 尿比重的测定

各种家畜在正常生理状况下,尿的比重有其一定的数值。测定尿比重的最快捷的方法是应用尿比重计。

(1)测定

将混合均匀的尿样沿量筒壁倒入量筒内,避免发生泡沫(如已发生泡沫,可用滤纸将其除去)。然后,将尿比重计轻轻放入其中,勿使触及筒壁及筒底。由比重计与凹面相对应的刻线即可读出其数值。记录其结果。

(2)校正

尿比重计的校准是在一定温度(通常是15℃)下进行的。如在其他温度下取得的测定结果,必须加以修正后,才能得到真正的比重值。修正方法如下:测定时温度比校准温度每高3℃,则在测定数值上加上0.001,每低3℃则减此数。例如,用15℃校正的尿比重计,在21℃时测得尿液比重为1.018,则应加上2×0.001。因此,在21℃测定为1.018的尿,校准在15℃时的比重应为:1.018+0.002=1.020。

2. 尿中总氮量的测定

正常尿液中不含蛋白质,尿中的含N物质均属非蛋白的含N物质(NPN),如尿素、尿酸、肌酐、氨、氨基酸和尿胆素等,这些物质绝大部分是蛋白质分解代谢后的废物。其中以尿素N最多,一般占尿中总氮的2/3以上。在N平衡的情况下,尿中排出的总N量是依蛋白质的摄取量为转移的。因蛋白质在体内分解所形成的含N废物,约有90%从尿排出;10%从粪中排出。故测定尿液中的总N量,是研究氮平衡所不可缺少的步骤。测定方法如下:

①消化步骤

吸取5 mL尿样液注入100 mL凯氏烧瓶中,加入10 mL浓硫酸和2 mL 10%硫酸铜溶液。烧灼混合液,直到该液体呈淡蓝色或无色,而后继续烧灼约1 h。氧化完毕后,冷却凯氏烧瓶内溶液。再将凯氏烧瓶内的液体全部移入100 mL容量瓶中,用无N蒸馏水冲至刻度。混匀后,吸取10 mL冲淡液,应用半微量凯氏定N法,测定尿中总氮量。

②蒸馏步骤

同实验二饲料中粗蛋白质的测定。

五、结果计算

举例说明如下:

家畜尿及0.5% H_2SO_4 共取量=5 mL

实际家畜尿样取量=4.975 mL

尿冲淡容量 = 100 mL

取冲淡溶液量 = 10 mL

中和尿时所需的 0.010 0 N H_2SO_4量 = A' mL,故 100 mL 尿中总氮量(g) = A' $\times 0.000\ 14 \times \frac{100}{10} \times \frac{100}{4.975}$;24 h 尿中总氮量(g) = 平均 24 h 尿的容量(mL) $\times A'$ $\times 0.000\ 14 \times \frac{100}{10} \times \frac{100}{4.975} \times \frac{1}{100}$

注: 0.000 14 g 为 1 mL 0.010 0 N H_2SO_4相当的 N 量。

实验二十　钙磷平衡试验

一、原理

饲粮中钙、磷含量和钙、磷比例对动物体内矿物质正常代谢有决定性意义,不仅影响钙、磷本身的利用,还影响其他矿物质的利用。钙、磷比例失调是胫骨软骨营养不良的主因。因此,为了解动物日粮中钙或磷的吸收与平衡情况,必须进行钙或磷的平衡试验。

钙磷的吸收主要决定于吸收时的溶解度,凡有利于溶解的因素,即有利于钙磷的吸收。酸性环境、乳糖(可形成乳酸)、适量的脂肪、钙磷的适宜比例、足量的维生素 D 均有助于钙磷的溶解与吸收。

钙磷的吸收率或消化率不能简单地按食入与粪排出的差数来理解。因为,粪中钙磷来源有二:一是饲料中未消化的钙磷;二是代谢产物,即已被吸收再由肠壁分泌出来的钙磷。由于钙磷的内源干扰较大,表观消化率不太能说明问题,应同时考虑粪和尿中的排出,即分析钙磷的吸收与平衡。通常钙多由粪中排出,而磷在草食动物由粪中排出,在肉食动物则大量由尿中排出。

钙磷在体内处于动态平衡。血中钙磷维持恒定,钙磷主要贮存于骨中(骨小梁)。理解和应用钙磷在体内的动态平衡,对动物的饲养和生产有重要意义。

二、仪器设备和试剂

同 N 平衡试验、消化试验及饲料中钙的测定和饲料中磷的测定所用到的仪器设备和试剂。

三、测定方法

在结合消化代谢试验的同时可进行钙和磷的代谢试验即钙磷平衡试验。

1. 试验动物的选择与准备

2. 饲料与日粮配合

3. 预饲期与试验期

4. 粪、尿的收集

以上各项目均同 N 平衡试验。

5. 钙的测定

饲料、粪和尿中钙的测定方法见饲料中钙的测定。

6. 磷的测定

饲料、粪和尿中磷的测定方法见饲料中磷的测定。

四、结果计算

1. 钙平衡的计算

①食入钙量：

试畜 24 h 食入总量(g) = A

日粮中的钙的含量(%) = B

试畜 24 h 食入总钙量(g) = $A \times B \div 100$

②排出钙量：

试畜 24 h 排粪量(g) = a

粪中钙含量(%) = b

试畜 24 h 粪中排出钙总量(g) = $a \times b \div 100$

试畜 24 h 排出尿量(mL) = a'

每 100 mL 尿中钙含量(g) = b'

试畜 24 h 尿中排钙量(g) = $a' \times b' \div 100$

③钙的吸收与平衡计算：

每日表观消化钙量(g) = 每日食入钙量(g) − 每日粪钙排出量(g)

每日存留钙量(g) = 每日表观消化钙量(g) − 每日尿钙排出量(g)

$$钙的表观消化率(\%)=\frac{每日表观消化钙量(g)}{每日食入钙量(g)}\times 100$$

$$钙的存留率(\%)=\frac{每日存留钙量(g)}{每日食入钙量(g)}\times 100$$

$$可消化钙的利用率(\%)=\frac{每日存留钙量(g)}{每日表观消化钙量(g)}\times 100$$

2. 磷平衡的计算

①食入磷量：

试畜 24 h 食入总量(g) $=A$

日粮中磷的含量(%) $=B$

试畜 24 h 食入总磷量(g) $=A\times B\div 100$

②排出磷量：

试畜 24 h 排粪量(g) $=a$

粪中磷含量(%) $=b$

试畜 24 h 粪中排出磷总量(g) $=a\times b\div 100$

试畜 24 h 排出尿量(mL) $=a'$

每 100 mL 尿中磷含量(g) $=b'$

试畜 24 h 尿中排磷量(g) $=a'\times b'\div 100$

③磷的吸收与平衡计算：

每日表观消化磷量(g) = 每日食入磷量(g) − 每日粪磷排出量(g)

每日存留磷量(g) = 每日表观消化磷量(g) − 每日尿磷排出量(g)

$$磷的表观消化率(\%)=\frac{每日表观消化磷量(g)}{每日食入磷量(g)}\times 100$$

$$磷的存留率(\%)=\frac{每日存留磷量(g)}{每日食入磷量(g)}\times 100$$

$$可消化磷的利用率(\%)=\frac{每日存留磷量(g)}{每日表观消化磷量(g)}\times 100$$

实验二十一　饲养试验

一、原理与应用

在生产条件下，按生物统计对试验设计的要求，选择一定数量符合设计要求的试验动物,控制非测定因素一致或相似后进行分组饲养。通过测定比较各组获得的结果,借助特定的统计分析方法,对此结果作出技术判断的整个过程即为饲养试验。这是动物饲养学研究中最常用的一种试验方法。是评定饲料营养价值,探讨动物对营养素的需要以及比较不同饲养管理方式时最可靠的方法。由于是在生产条件下经过严密的试验设计,运用了比较结果的基本原理,因而饲养试验的结果直观、可靠,不仅被动物生产广泛应用,而且也为各有关的科研单位及大专院校所采用。

二、方法与步骤

饲养试验实际上是一种生产效果的检验过程,饲养试验能否成功,与题目的确定、方法的应用、设计的严密程度、动物的选择以及试验过程中的具体操作等关系十分密切。

(一)确定试验题目、明确试验目标

这是决定饲养试验能否成功的第一步。试验题目应当符合学科发展或当前生产的要求,并且要与本单位目前具有的科学研究条件相适应。为了选择到合适的题目,首先要经常深入到动物生产的第一线,及时了解当前的动物生产情况,查明生产中迫切要求解决的问题;其次要经常查阅国内外有关的科学研究报道,积极创造条件争取参加本学科领域中各种形式的学术交流活动,较快地掌握目前本学科的科研动态;最后再结合本单位的实际情况,提出综合研究和各个突破的具体研究内容与目标,选用合适的试验方法和动物进行有关的试验研究。

(二)选择试验与结果统计分析方法

饲养试验的方法运用是否适当,对试验结果的可靠性也会产生重要的影响。常用的对比法,虽然简单,便于为大多数人所掌握,但由于动物个体间的差异性很大,即使各种条件都相同的动物分成两组采用同一种饲料和管理措施它们的生产表现也会有差异。而且,对比法一次只能比较一个因素或一种水平的效应,若要进行多因素多水平的比较时,则需要做很多次的饲养试验才行。这不仅增加了试验的工作量和财力消耗,而且由于前后时间拉得太长,前后组之间缺少可比性,同时对影响试验结果的主要因素也不能作出明确可靠的结论。因此,为了提高试验结

果的准确性,尽量缩短试验所需的时间,增强各组之间的可比性,降低试验费用等,就应当根据试验的目的要求、供试动物的种类与数量及试验场地的现有条件等因素选择合适的试验方法。饲养试验最常用的方法主要有4种。现分别介绍如下:

1. *分组试验法*

在控制非测定因素相同或相似的情况下,把供试动物分组饲养,设试验组与对照组,比较测定因素对动物生产性能或生理生化指标影响的差异。此法在同一时期内可比较同一因素不同水平对动物的作用,一次能够比较水平的个数取决于提供的供试动物数量能够分成多少个试验组。其基本设计方案为(以采用不同饲料配方的饲养试验为例):

组别	预试期	正试期
对照组	基础日粮	基础日粮
试Ⅰ组	基础日粮	试验日粮Ⅰ
⋮	⋮	⋮

这里的基础日粮也可称为对照日粮。动物分组时要求运用生物统计中完全随机设计的原则,使得每个供试动物都有同样的机会进入试验组或对照组,这样就能使影响试验结果的非测定因素在各组中的作用相同,互相抵消,从而突出测定因素的影响。供试动物的个体差异可通过增加供试动物的数量在统计分析时从机误项中扣除。根据能够满足试验要求的供试动物数量、试验处理因素与水平的多少等,分组试验法又可分为配对分组试验、不配对分组试验、随机区组试验和复因子试验等。

(1)配对分组试验

当试验处理因素或水平不多,供试动物中可以找到各方面条件相同的个体双双搭配成对时即可采用配对的分组试验法。配对个体之间的血缘、性别要相同,年龄或体重相近。理想的配对动物是年龄相近、体重相似的同胞或半同胞兄弟或姐妹。总之,同一对动物之间的差异要尽量小,不同对动物之间允许有些差异。

配对动物分组时应采用完全随机的方法将每对的两头供试动物分到两个处理组内。常用的随机方法有抽签、拈阄等形式,但最好的方法是使用随机数字表,其用法举例如下:

设有同品种同性别供试动物20头,将血缘相同、体重年龄大小相近的两个动物分别配成对子,计 10 对。现要求用随机数字表的方法指定其中的一头属于试验组(甲组),另一头则属于对照组(乙组)。方法是从随机数字表中的任意一个数字开始向任何方向依次抄下 10 个数。现假设从随机数字表(I)中倒数第 10 行第 7 个数字(41)开始向下依次抄得 10 个数字。以奇数对应的动物对号中的第一头归入甲组,偶数对应的动物对号中的第一头归入乙组。则 10 对动物的分组情况见下表:

配对动物编号		1	2	3	4	5	6	7	8	9	10
随机数字		41	52	04	19	58	80	81	82	95	00
动物对	第一头组别	甲	乙	乙	甲	乙	乙	甲	乙	甲	乙
	第二头组别	乙	甲	甲	乙	甲	甲	乙	甲	乙	甲

用以上这种随机数字表分成两组的动物起始平均重基本相等。试验结果用成对资料“t”测验法进行统计分析。

(2)不配对的分组试验

在一般条件下,不易找到符合配对试验要求的供试动物。这时就不能勉强配对,而应当改用不配对的分组试验。此法不要求组成条件严格的动物对,只要求试验组和对照组动物的条件基本相同,试验开始时组间的体重等指标差异不明显(统计学检验不显著,$P>0.05$)。供试动物的分组方法仍以采用随机数字表较好。具体分组的个数可以根据试验的目的要求和供试动物的多少分成两组、三组或四组等。用其中的一组作为对照组,其余组作试验组。也可以互为对照。对试验结果应根据试验组数多少选用不同的统计分析方法。当试验仅分两组时,可用非配对试验资料的“t”检验法进行统计分析;当试验分为三组及三组以上时,则用一次分类的方差分析进行“F”检验,并用 q 值法进行多重比较。随机数字表在不配对的分组试验中进行动物分组时的用法:

用法一,设有同性别、同品种的健康猪 18 头,按原始体重的大小依次编为 1、2、3……18 号,要求用完全随机的方法把它们分成两组,使两组猪数相等。

从随机数字表(Ⅰ)中第 11 行第 11 个数(79)开始向下依次抄得 18 个随机数字。以随机数字的奇数代表甲组,双数代表乙组依此规则分组过程与结果见下表:

猪　　号	1	2	3	4	5	6	7	8	9	10	11	12	13	14	15	16	17	18
随机数字	79	83	07	00	42	13	97	16	45	20	44	71	96	77	53	67	02	79
组　　别	甲	甲	甲	乙	乙	甲	甲	乙	甲	乙	乙	甲	乙	甲	甲	甲	乙	甲

结果归入甲组的有11头,乙组只有7头。需将甲组超出的两头调整给乙组。但究竟调整出甲组哪两头猪呢?仍采用随机数字表,方法:从上面末尾一个随机数(79)开始接下去再抄得两个数87、34,然后分别以11(甲组分配11头)、10除之(如甲组分配有12头,则需接着抄三个随机数,分别以12、11、10除之),得87/11的余数为10、34/10的余数为4。则把原归入甲组的第4头和第10头即6号猪与16头号猪调整给乙组。这样各组的动物数就相等了,调整后各组的猪号为:

组　别	猪　　号								
甲　组	1	2	3	7	9	12	14	15	18
乙　组	4	5	6	8	10	11	13	16	17

用法二,将上例中18头供试猪用随机的方法分成甲、乙、丙三组。

从随机数字表(Ⅱ)中第6行第6个数(71)开始向下依次抄得18个随机数,一律被3除,余数为1,即将与其对应的猪归入甲组;余数为2,归入乙组;余数为0,归入丙组。依此规则进行分组的过程和初次分组结果见下表:

猪号	1	2	3	4	5	6	7	8	9	10	11	12	13	14	15	16	17	18
随机数字	71	48	01	51	61	57	57	60	45	51	19	13	28	22	24	66	26	23
被3除后余数	2	0	1	0	1	0	0	0	0	0	1	1	1	1	0	0	2	2
组别	乙	丙	甲	丙	甲	丙	丙	丙	丙	丙	甲	甲	甲	甲	丙	丙	乙	乙

结果,归入甲组6头,乙组3头,丙组9头。

调整:接下去继续抄得三个随机数字为60、43、70,分别以9、8、7除之,得第一个(60/9)余数为6,第二个(43/8)的余数为3,第三个(70/7)除尽写除数为7,则将原归入丙组的第3头、第6头和第7头即6号、9号和10号猪改为乙组,调整后各组的猪号为:

组别	猪号					
甲组	3	5	11	12	13	14
乙组	1	6	9	10	17	18
丙组	2	4	7	8	15	16

若要分为四组、五组或更多的组,其分组方法基本一样。

(3)随机区组试验

当试验的处理水平在两个以上时,根据配对试验可减少误差的原理,可以扩大配对的试验单位,使之形成一组,每一组内所包含的试验数等于处理数。例如用三种不同配方的日粮进行喂猪试验,要求不仅能反映出三种日粮间差异,而且还能体现出不同窝别对各种日粮的反映,获得窝别与日粮之间相互作用。即可从每窝猪内选出性别相同、体重相近的猪 3 头以窝为单位构成区组(在猪也称窝组)。然后将一个窝组中的 3 头猪随机分配到三个日粮组。由于按照日粮个数从各窝猪中选择相应的头数,使得各组的猪在血缘、性别和体重等方面都相一致。这种试验也称为随机窝组试验。另外也可按同品种、同胎次或同父系、同性别、体重略近、产期接近的动物组成条件相似的区组,各区组内的动物数与处理数相同,恰够用随机的方法分配到各试验组中,此法中对动物的编号非常重要。要求在试验过程中收集试验资料时能辨清来自各个区组的动物,以便最后计算出各个区组的数据。这样各试验组动物从各区组来源的变量可从统计分析的机误中分析出去,从而达到提高试验精确度的目的。

随机区(窝)组试验是发展了的配对试验,要求同一区(窝)组内的每个供试动物的条件尽可能做到一致,不同区(窝)组间的动物可以有差异。试验时,每增加一个区(窝)组即是给试验处理增加一个重复数。试验结果的统计分析是把区(窝)组也看成一个因素,然后把区(窝)组因素与试验因素一起看成是二因子试验,利用二因子单独观察值的方差分析进行“F”检验和 q 值法多重比较。

随机区组试验动物的分组:要求各处理在同一区组内的排列是完全随机的,而在不同区组内则应当是独立的。假设用选自 6 窝猪中的 18 头(每窝 3 头)同性别仔猪来进行三种日粮增重效果饲养试验,利用随机数字表进行分组的方法为:

三种日粮分别以 A、B、C 字母代表。各窝内仔猪按体重大小依次编号:第Ⅰ窝组(1)~(3)号,第Ⅱ窝(4)~(6)号……,第Ⅵ窝组(16)~(18)号,从随机数字表(Ⅰ)中倒数第2行第一个数字(88)开始向右依次抄得12个数字(每抄两个数字后留一空位),将同一窝组中的两个数字依次以3、2除之。根据余数即可确定窝组内各供试仔猪应喂的饲料种类。

根据余数确定窝组内供试仔猪应喂饲料种类的方法是:余数代表饲料种类的顺序号。如第Ⅰ窝组,第一个余数为1,故指定(1)号猪吃A料,第二个余数亦为1,此时在乘下的B、C饲料中序号为1的饲料中B,故指定(2)号猪吃B料,最后(3)号仔猪吃C料;第Ⅱ窝组,第一个余数为2,故指定(4)号仔猪吃B料,第二个余数仍为2,在剩下的A、C饲料中序号为2的饲料中C,故指定(5)号仔猪吃C料,最后(6)号仔猪只能吃A料。余以此类推,除尽者写除数。分组情况见下表:

仔猪窝组	Ⅰ			Ⅱ			Ⅲ			Ⅳ			Ⅴ			Ⅵ		
仔猪编号	(1,2,3)			(4,5,6)			(7,8,9)			(10,11,12)			(13,14,15)			(16,17,18)		
随机数字	88	75	—	80	18	—	14	22	—	95	75	—	42	49	—	39	32	—
除　　数	3	2	—	3	2	—	3	2	—	3	2	—	3	2	—	3	2	—
余　　数	1	1	—	2	2	—	2	2	—	2	1	—	3	1	—	3	2	—
饲料种类	A	B	C	B	C	A	B	C	A	B	A	C	C	A	B	C	B	A

上述分组结果整理后如下表:

窝组 / 仔猪号 / 饲料	Ⅰ	Ⅱ	Ⅲ	Ⅳ	Ⅴ	Ⅵ
A　料	(1)	(6)	(9)	(11)	(14)	(18)
B　料	(2)	(4)	(7)	(10)	(15)	(17)
C　料	(3)	(5)	(8)	(12)	(13)	(16)

(4)复因子试验

上述三种分组试验只能测定一个处理因素对动物的影响。如果希望通过一次试验得到两种或两种以上处理因素对动物所产生的影响,就要采用复因子试验法。复因子试验的结果不仅能比较出各种因子的单独效应,而且还能进一步分析出各处理间的相互作用。使试验能较全面完整地反映出事物本身的规律。在试验动物相同的情况下,一次考虑的试验因素愈多,获得的资料也就愈多。但考虑因素越多,试验过程也应越复杂。实际工作中,我们应当根据具体的条件尽量采用复因子饲养试验法。

例如,为了测定不同体重大小的猪对三种生长猪饲粮的利用率以及在猪性别之间的差异。可选择品种一致、血缘关系清楚、日龄相近的生长猪 54 头,公母各半,体重范围在 45 ~60 kg 之间按体重大小,在性别内组成大、中、小三个(两种性别共 6 个)体重区组:体重大于等于 55 kg 的猪为大猪组,体重小于 55 kg 大于等于 50 kg 的猪为中猪组,体重小于 50 kg 为小猪组。每个区组各有 9 头猪。如果有数量不够时,可在体重划分上做适当调整,然后再按随机原则把各个区组的 9 头猪分配到三个饲料配方组中,每组 3 头。试验分组模式如下表,试验结果用二因子单独观察值的方差分析法进行“F”检验,用 q 值法进行多重比较。

复因子区组试验动物分组方案:

<table>
<tr><th rowspan="2">饲料</th><th colspan="2">大猪</th><th colspan="2">中猪</th><th colspan="2">小猪</th><th rowspan="2">总数</th></tr>
<tr><th>♂</th><th>♀</th><th>♂</th><th>♀</th><th>♂</th><th>♀</th></tr>
<tr><td>Ⅰ号配方</td><td>×
×
×</td><td>×
×
×</td><td>×
×
×</td><td>×
×
×</td><td>×
×
×</td><td>×
×
×</td><td>18</td></tr>
<tr><td>Ⅱ号配方</td><td>×
×
×</td><td>×
×
×</td><td>×
×
×</td><td>×
×
×</td><td>×
×
×</td><td>×
×
×</td><td>18</td></tr>
<tr><td>Ⅲ号配方</td><td>×
×
×</td><td>×
×
×</td><td>×
×
×</td><td>×
×
×</td><td>×
×
×</td><td>×
×
×</td><td>18</td></tr>
<tr><td>总 数</td><td colspan="2">18</td><td colspan="2">18</td><td colspan="2">18</td><td>54</td></tr>
</table>

2. 分期试验法

在有的情况下,例如要比较不同饲料对奶牛泌乳量的影响时,符合试验条件的动物数可能特别少,进行分组试验有困难,则可采用分期试验的方法。用同一组动物在不同的时期采用不同的处理。最后根据不同时期的结果来比较处理之间差异。其基本试验方案如下(仍以测定不同饲料配方的效果为例):

动物	第一期		第二期		……
	预试期	正试期	过渡期	正试期	
同一批动物	基础日粮	试验日粮Ⅰ	基础日粮	试验日粮Ⅱ	

此法虽可消除分组试验法中因供试动物个体不同所带来的个体差异,但由于试验期较长,极易受到动物不同生理阶段和不同时期天气等因环境因素变化的影响。试验期越长,受这些因素的影响就越大。因此,利用此法时应注意:

①试验期不可拉得过长;

②试验最后选在动物生理上比较稳定的那一阶段进行。如奶牛泌乳曲线相对稳定的那一时期;

③本法只适用在成年动物进行饲养试验。

如果无法缩短试验期可通过计算时间校正系数的方法把原来处于不同处理时间之间的比较校正到在统一的时间基础上进行比较。试验结果用成对的"t"检验法进行分析。

3. 交叉试验

把分组试验与分期试验结合在一起,既能消除供试动物个体之间的差异,又能消除试验期间误差,使得到的结果更明显,结论更准确。其基本方案如下:

组别	第一试验期		第二试验期	
	预试期	正试期	过渡期	正试期
试验组Ⅰ	基础日粮	供试日粮 A	基础日粮	供试日粮 B
试验组Ⅱ	基础日粮	供试日粮 B	基础日粮	供试日粮 A

试验结束后,将第一期试验试Ⅰ组与第二期试验试Ⅱ组的资料合并作为供试日粮 A 的结果;将第一期试验试Ⅱ组与第二期试验试Ⅰ组资料合并作为供试日粮 B 的结果。统计分析时用一次分类的变量分析进行"F"检验。

4. 拉丁方试验

拉丁方试验是发展了交叉试验,可不受试验期长短的影响,在不增加供试动物数量的情况下获得比较正确的结论。在供试动物数量受到限制、动物生理阶段对生产性能等试验结果影响比较明显的情况下,应用拉丁方试验较为顺利。此法常用在泌乳牛进行饲养试验以比较不同饲料配方或其他处理因素对泌乳牛的影响(处理)的效果,然后运用统计处理方法消除个体和时期内的差异。其设计特点是分直行和横行两个方向,直行与横行数相等,处理在横行或直行中出现的次数都只能是一次。所以处理数、直行数和横行数都相等。有时对此条要求不能满足,或在处理因素之间存在互作时则不宜采用拉丁方试验。拉丁方试验有 3 ×3、4 ×4 和 5 ×5 等。拉丁方也可以重复,组成复合方。

例一,用 5 头泌乳牛进行 5 种不同类型饲料(分别用 A、B、C、D、E 代表)对泌乳性能影响的饲养试验。由于乳牛个体及牛的泌乳时期不同对产乳量都会有影响。这时即可采用拉丁方试验。参照生物统计中有关拉丁方试验设计选择拉丁方与随机重排的方法即可得到下面用于拉丁方试验的处理安排表:

月份饲料牛号	一	二	三	四	五
1	E	A	B	C	D
2	D	C	E	B	A
3	B	E	D	A	C
4	A	D	C	E	B
5	C	B	A	D	E

即:1 号牛在第一个月喂 E 料,第二个月喂 A 料,……5 号牛第四个月喂 D 料,第五个月喂 E 料。在每个月的月初用 5 d 左右作为逐渐更换饲料的时间。试验结果用因子设计三次分类的变量分析进行"F"检验,并用 q 值法进行处理(饲料)间的多重比较。

例二　用 4 ×4 拉丁方试验测定猪对玉米、大麦、麸皮干物质的消化率。可选择 8 头猪,设两个重复,每个重复 4 头猪,进行四期消化试验。每期 20 d。参照拉丁方选择与重新排列法可得如下用于测定消化率时猪的排列:

重复 时期 / 猪号 / 饲料	一				二			
	Ⅰ	Ⅱ	Ⅲ	Ⅳ	Ⅰ	Ⅱ	Ⅲ	Ⅳ
基础日粮	1	2	3	4	5	6	7	8
80%基础+20%玉米	3	4	1	2	6	7	8	5
80%基础+20%大米	4	1	2	3	7	8	5	6
80%基础+20%麸皮	2	3	4	1	8	5	6	7

试验测定结束后,将重复的两个组合并整理。最后,每个饲料有8个数据的平均数,每个时期亦有8头猪的平均数,8头猪各有其个体对四种饲料干物质的消化率。然后运用三次分类有重复的变量分析进行"F"检验,用q值法比较各饲料干物质消化率的差异。

(三)对试验过程进行全面规划与设计,制订试验实施方案

试验题目和方法确定后,就应对即将进行的饲养试验进行全面的规划设计。内容包括试验动物的选择和分组,处理方案的拟定,动物饲养管理规程的制订,应收集资料的名称与收集方法以及人力、物力、财力的规划与安排等等。这是正式进行饲养试验的工作指南,是决定一个饲养试验成功的重要环节之一。一个复杂的饲养试验构思,如果规划设计得好,就可以用较少的人力、物力和时间,最大限度地获得丰富而可靠的资料。反之,如果试验前没有计划,或者考虑不周,那么在正式试验时,往往是做了上步再考虑下步,不仅处处显得被动,而且很可能得不到正确可靠的结果,甚至会遭致试验的失败。

饲养试验设计必须形成文字,其具体形式与内容包括以下几项:

1. 研究题目

应当简明扼要,新颖实用。让人看了题目就知道你要进行什么样的饲养试验。

2. 试验目的依据及研究内容

相当于文章的前言部分。主要对前人研究所获成果与存在问题作出简要综述和讨论,阐明本次试验的研究内容及希望达到的目标。

3. 研究方案

指试验方法及处理方案的制订,试验日粮组成、营养水平与配合等。对试验圈舍的大小,朝向及设备条件,预、正试期的划分和长短,饲养管理方法与饲养员的配备等都应有明确具体的规定,并要求在整个试验期间这些条件与措施都能保持稳定。在进行动物饲养学研究的饲养试验中尤其要注意对全试验期所需各个饲料的品种与数量作出计划,以便极早做好准备,切忌在试验中途更换饲料(品种与来源)。动物的饲养管理与饲喂方式可根据试验目的而定。一般的对比饲养试验均可采用群饲法。但如果进行营养素的精密试验,则需采用个体单喂。

4. 供试动物的选择与分组

在充分考虑了动物健康状况的基础上,根据各条件对试验结果影响的重要性(按品种、血缘、性别、年龄、体重的顺序)对供试动物分别提出具体要求,同时提出对被选供试动物的编号和分组方法。分组原则是依据试验方法采用完全随机的方法,以消除人为的影响。

5. 试验结果的测定项目及统计分析方法

应包括试验测定项目的获得与记载方法、记录与统计汇总表格中的设计和填写要求。若测定项目获得的方法内容较多时可在试验设计正文中只提方法名称,而具体方法则作为附件附于设计正文的后面。试验结果的统计分析方法必须与饲养试验的方法配合,分别有"t"检验,"F"检验和"q"值法,应根据不同的试验方法进行选择。

6. 试验经费的预算

主要指购置试验材料所需的费用。同时也包括试验场地及用工补贴、试验样品的分析测试、资料的分析处理、文字材料的打印等各种费用。总之,对试验经费的预算应当全面合理,杜绝遗漏或贪多,要体现节约的原则。

7. 补充资料

为了使试验能够顺利地按期完成,应说明完成试验的时间、地点、参加单位人员及分工,便于在试验过程中进行检查与督促。

(四)试验动物的选择与试前准备

1. 在一般的饲养试验中,供试动物必须符合下列条件

(1)供试动物必须健康无病,饮食正常;

(2)品种、血缘、性别一致;

(3)营养、生长发育正常均衡,年龄与发育阶段相近,体重差异要小。

对供试动物数量的确定应符合生物统计的要求。若数量太少则作出的结论根据不充分,数量过多又会造成实践的困难。为了解决样本含量多大才算合适的问题,必须掌握两方面的信息;第一是对全群标准差(S^2)的估计,这可以根据动物群体以往的实践中所得的标准差或已知全距来推算;第二是试验可以容许的最大可信限或处理均数间至少相差多少(δ^2)才能得到显著的差别。在分组试验中,进行随机化设计比较时,可先用下列公式中的第一个算式初步估计每组应含的动物头数,然后反复应用第二个算式进行验算即可求得每组应含有最少动物数。

$$\text{非配对分组试验}: N \approx \frac{8S^2}{\delta^2} = \frac{2\ (t_{0.05}S)^2}{\delta^2}$$

$$\text{配对分组试验}: N \approx \frac{4S^2}{\delta^2} = \frac{(t_{0.05}S)^2}{\delta^2}$$

式中:N—每组供试动物头数

S^2—试验的标准差(用以往经验估计)

δ^2—最低显著差异的预期值

例如:在一个完全随机分组试验中,希望两组增重差异在 15 kg 以内能测出显著性。过去经验已知增重的标准差为 20 kg。问各组需要多少头供试动物?

若应用非配对分组试验,则有:

$$N = \frac{8 \times (20)^2}{15^2} \approx 14$$

以 $N = 14$ 运用 $N = \frac{2t_{0.05}^2 S^2}{\delta^2}$ 进行验算

当 $N = 14,\ df = 2 \times (14 - 1) = 26,\ t_{0.05(26)} = 2.1$

代入公式: $N = \frac{2 \times 2.1^2 \times 20^2}{15^2} \approx 16$

再以 N = 16 进行验算

当 $N = 16, df = 2 \times (16 - 1) = 30, t_{0.05(30)} = 2$

代入公式: $N = \frac{2 \times 2^2 \times 20^2}{15^2} \approx 14$

如此下去 N 的最少数基本稳定在 14,于是每组的供试动物数至少要 14 头。

若是应用配对分组试验,则有

$$N=\frac{4\times 20^2}{\delta^2}\approx 7$$

以 $N=7$ 运用 $N=\frac{t_{0.05}^2 S^2}{\delta^2}$ 进行验算

当　　$N=7, df=7-1=6, t_{0.05(6)}=2.5$

代入公式:　　$N=\frac{2.5^2\times 20^2}{15^2}\approx 11$

再以 $N=11$ 进行验算

当　　$N=11, df=11-1=10, t_{0.05(10)}=2.2$

代入公式:　　$N=\frac{2.2^2\times 20^2}{15^2}\approx 9$

再以 N=9 进行验算

当　　$N=9, df=9-1=8, t_{0.05(8)}=2.3$

代入公式:　　$N=\frac{2.3^2\times 20^2}{15^2}\approx 9$

如此 N 基本稳定在 9,于是每组的供试动物数即为 9 头。

实践中初选动物时最好比需要数量多一倍进行选留动物,以便在正试之前淘汰其中不合格个体,从而最大限度减少动物个体本身生理或遗传上的差异,使最后选用的供试动物数量和质量都能达到理想要求。

2. 供试动物的准备

在正式试验之前,应对选出的供试动物做好下列各项准备工作:

(1)去势

凡做育肥试验的动物都应当去势。如用仔猪做试验,最好在哺乳期内选定仔猪,在断奶前进行去势;如从留种推广群中选择试验动物则在选出后及时去势。但在应用肉用仔禽做试验时可不经去势处理。

(2)驱虫

不论供试动物有无内寄生虫,试验前必须驱虫。仔猪一般在断奶后已进行过一次驱虫,但在试验之前还都必须再驱虫一次。如寄生虫比较多,应连续驱虫两次。在禽类,雏禽可不驱虫。

(3)防疫

试验前对动物进行防疫注射;对试验圈舍及饲养器具进行喷雾或熏蒸消毒以免在试验进行中供试动物发病和死亡,影响试验的正常进行。

(4)观察与终选动物

在此准备期给初选动物以全价饲粮,不断观察被选动物的食欲与生产表现。在正式试验之前进行最后一次选留动物,给终选动物编号与初步分组,为正式试验做好准备。

(五)试验饲粮的配合与准备

试验饲粮应以符合供试动物的基本营养需要为前提,并按能够满足对用于试验的饲料或饲养方式的增重(生产)效果做出可靠鉴定的原则组成和配合饲粮。尽管试验目的不同其饲料的配合方式不一样,但试验饲粮都应当具有地区性和典型性。对试验饲粮的各种成分及营养价值应进行查表计算,有条件时最好实际分析测定。

进行青粗饲料饲养效果比较时,应以日粮的要求配制饲料,并注意青粗料在日粮中与精料的搭配比例要适当。青、粗料比例过高,精料过少,供试动物则出现获得有效养分不足,不易看出青、粗料的真正效果。反之,若青、粗料比例过低,精料过高,则不能看到青粗料的实际效果。一般要求试验日粮中由精饲料提供的有效养分量以不低于供试动物营养需要量的50%为最低限度。当运用纯精料型饲粮进行某一养分不同水平的比较试验时,特别要注意使被测定养分以外的营养指标或其他条件在各组之间保持一致。有条件时可应用电脑配方设计技术进行试验饲粮配方设计。

饲粮配方确定后,即应根据配方及饲养供试动物的头数、饲养试验期天数和动物的头(只)日采食量估算出各个饲料原料的需要量,然后备齐备足所需的各种原料。在试验之前按各组饲粮配方进行配制、分装、编号。各组饲粮要固定存放,便于养成习惯,以免喂错料,造成难以纠正的错误。

配制饲(日)粮时,务必注意搅拌均匀,手工拌料尤应注意。方法是先一层层撒料,而后从一边用铁锨翻料,这样反复翻3~5次即可搅拌均匀。维生素等微量添加物必须用逐级稀释扩大法拌入。在配入饲粮之前,维生素不应与矿物质元素添加剂混在一起,以免相互影响降低效价。

(六)正式试验

完成了上述的各项准备工作之后,即可开始正式的饲养试验,正式试验可分为两个阶段,即预饲期和试验期。

1. 预饲期

正式进行试验处理前的7～10 d为预饲期。目的是让经过去势、驱虫和防疫注射后的供试动物有一个恢复期,使动物对新的饲养管理方式和新的环境有一个逐渐适应的过程。继续观察动物的食欲与生产表现。在预饲期开始和结束时均要各测一次动物的体重和有关的生产性能,并以此期间的增重率和生产力作为预饲期结束最后确定试验动物分组和个体调整与选留的依据。在正常情况下,事先初步分组的动物体重及生产性能应大致相等。即组间差异显著性测验不显著。预饲期结束时只对个别动物进行调整或淘汰。原先分出的组别不必变动。如经预饲观察,动物体重或生产性能差异太大,不符合试验要求,就有必要重新分组和预饲。

在预饲期的最后3～5 d就要对试验组的动物逐渐给予试验处理。如果是进行不同饲料的试验,则在这段时间内就要在试验组的日(饲)粮中由少到多添加试验日(饲)粮使供试动物有适应试验处理的过程。

2. 试验期

从正式给供试动物施以设计中规定的试验处理之日起,直到规定的试验结束之日止,记录收集这一段时间内的全部资料。此期的长短以能体现出试验处理的效果为基本原则。如果是研究某种饲料对增重、产奶、产蛋等生产性能的影响,至少应有一个月的试验期;如果是研究饲料对母畜繁殖性能的影响,则至少必须经过一个繁殖周期后才能得到结果。如果在试验过程中发现试验组与对照组的增重等测定指标的曲线比较接近甚至有交叉的现象,此时为了进一步观察和分析原因,就要适当延长试验期。

(七)试验的测定项目与测定方法

因饲养试验的目标不同,测定记录的项目也就有很大差别。如要评定饲料对幼年动物生长发育的影响,其测定记录项目则主要为体重与体尺的变化;如要评价试验处理对种用动物繁殖性能的影响,其测定记录项目则包括初次发情日期、初情月（日）龄与体重、情期受胎率、精液质量、产仔数（活产仔数与死胎数），仔畜初生重，泌乳力（泌乳量和乳的品质）等等，如果测定饲料对蛋禽生产性能的影响，则包括开产日龄与体重以及日产蛋力等的记录与测定。其中日产蛋包括每日每组产蛋数，各组日产蛋总重量和每日破蛋数。此外还应该在试验期的开始和结束时分别测定出各组 100 枚蛋的个体重，以比较各组平均蛋重的差异。此外，对试验过程中动物的饲料消耗以及出现的各种情况都要及时记载，包括所有供试动物的采食与排粪便情况；有无疾病发生以及发生疾病时采取的措施和效果；供试动物的其他行为如睡眠、动物间的休闲打逗等，最后是关于天气变化的记录。因为环境气候条件对饲养试验结果的影响极大。虽然在试验设计时考虑到了要消除极度气候因素给饲养试验结果带来的不良影响而把试验多半选择在春秋季进行，但这一阶段也正是气候多变的时期，因此要勤于记录，以便为试验结果的分析提供既准确又重要的参考材料。

近代的饲养试验还往往要涉及动物生理生化指标的测定记录。由于这些生理生化指标的测定方法比较复杂，均有专门的书籍予以介绍，而对于供试动物的体重和饲料消耗则是任何一个饲养试验必测的项目。体重与饲料消耗的测定和记录是否正确，对试验结果的影响极大。因此，实践中应特别注意这两个项目的记录方法。

1. 体重

为了获得动物的准确体重，在称取动物体重时应注意：

（1）称重时间

包括定时和定期两个方面，定时一般要求在早晨动物处于空腹状态下进行。称重日前一天晚上各组给料给水数量尽可能一致，并在动物采食饮水结束后撤掉料槽和水盆。称重当日早起赶动物排出粪便后即可称重。做肉鸡饲养实验时，一般于称重日早晨 6 点停水停料，2 h 后即可称重。定期可以一周、十天或一个月称重一次，具体应根据试验目的不同而异。为了计算方便，以十天为一周期称一次体重较好。

（2）称重方式

试验期开始与结束时的体重必须采取个体称重，并以连续三天空腹体重的平均值表示。根据条件也可以连称两天，以第二天体重为准（可能出现三种情况：①

增重,说明正常;②不增不减,也说明正常;③减重,则说明第一天称重有问题,需第三天单独再称一次体重,以确定第二天称取的体重是否有效)。在试验进行过程中的每次称重,对大动物仍须以个体称重,对鸡等小动物则可按组称重,然后求各组动物的平均个体重。

(3)称重次序

每次称重时,称重的头序和组序都应保持不变。但在试验动物头(只)数较多,编号(或标记)不易明显观察时,保持每次称重的组别顺序不变则是称重次序中最基本的要求。即这次先称的是哪一组(栏、宽),后称的哪一组。下次称重时还应当按照这个顺序进行。

(4)称重动作

要求快而且安静。过分延长称重时间会影响称重结果的准确性。因为:①后称的个体大小便排出多了;②称重人员的走动、被称动物的鸣叫,往往会引起其他动物的不安;③饥饿时间长了促进了后称动物的体力消耗。为此可把每次的称重时间定在称重日的清晨,在动物安静的情况下进行,并争取在 2 ~ 3 h 内完成全部称重过程。

(5)器具与校正

称取猪等大动物的体重最好应用地磅。用普通磅秤或台秤时注意放置平衡与调校。用杆秤称则应当争取固定悬吊。装动物用的称重笼应经常校正其空笼子的重量。

(6)记录整理

每组动物的每次称重情况均应反映在同一张记录表中。每次称重结束都应及时计算整理,以便发现问题,随时予以解决。

2. 饲料消耗的记录与统计

试验期各组动物的实际耗料量记录应力求准确。每次喂料时最好经过称重后再入喂料槽。吃剩或撒掉的饲料应捡起称重并从给料量中扣除。统计饲料的消耗周期与测定体重或生产力的周期相同。为了计算试验期群饲动物的头(只)日耗料量,在试验过程中发生动物死亡时,应及时记录死亡动物的号码、体重、死亡时间与死亡原因以及死亡时该组(群)动物料槽内的剩料量。最后计算只日耗料量时,以发生动物死亡日为界,前面以包含死亡动物在内的存栏(笼)数进行计算;后面

(包括动物死亡当日)则按减去死亡动物后的存栏(笼)数进行计算。

三、饲养试验常用表格

(只进行表头设计,见表3－14、表3－15、表3－16、表3－17、表3－18、表3－19、表3－20)

四、试验结果的计算与分析判断

(一)试验结果的计算

1. 评定不同饲料对动物增重效果的计算

(1)供试动物试验期平均头(只)增重($\overline{X}$)计算

$$\overline{X}=\frac{\text{试验结束全组动物总重}+\text{试验期死亡动物总量}-\text{试验开始全组动物总重}}{\text{试验期饲养动物头(只)日数}}$$

表3－14　试验饲(日)粮配方设计表

动物种类________生理(年龄)阶段________组别________设计人________复查人________

项目	配合比例[②]	能量[③]		蛋白质()[④]		钙		磷[⑤]		赖氨酸		蛋＋胱氨酸	
单位	%	MJ/kg	MJ	%	kg	%	kg	%	kg	%	kg	%	kg
预配标准[①]	100												
饲料名称													
合　计													

注:①预配标准为试验设计对试验饲(日)粮中各项营养指标的数量要求。

②配合比例总和为100,所以对应于预配标准即为100。

③能量的表示方法:猪用消化能,禽用代谢能,牛用净能。

④蛋白质的表示方法在动物种类之间无统一规定,可根据试验设计的要求选用粗蛋白质(CP)或可消化蛋白质(DCP)来表示,一旦选定后即应在括号中注明。

⑤在禽类用有效磷表示。其计算方法:植物性饲料中磷以30%计,动物性、矿物性饲料中磷以100%计。

表 3－15　饲养试验动物用料配料表

动物种类________组别________批量________配料人________

生理(年龄)阶段________批次________配料日期________监督人________

原料名称	配合比例(%)	用量(kg)	原料来源说明
合计			

表 3－16　试验动物耗料与死亡记录表

组别________圈(笼)号________试验开始圈(笼)内头(只)数________

喂料人________复查人________试验结束圈(笼)内头(只)数子________

<table>
<tr><td rowspan="2">时间段</td><td rowspan="2">给(进)料量记录(数量 g 或 kg)/日期</td><td rowspan="2">给料合计(g 或 kg)</td><td rowspan="2">剩料量(g 或 kg)</td><td rowspan="2">耗料量(g 或 kg)</td><td rowspan="2">饲养头(只)日数</td><td rowspan="2">平均头(只)耗料</td><td colspan="4">附:死亡记录</td></tr>
<tr><td>死亡日期</td><td>动物号</td><td>体重</td><td>料槽剩料量</td></tr>
<tr><td rowspan="2"></td><td rowspan="2"></td><td rowspan="2"></td><td rowspan="2"></td><td rowspan="2"></td><td rowspan="2"></td><td rowspan="2"></td><td></td><td></td><td></td><td></td></tr>
<tr><td></td><td></td><td></td><td></td></tr>
<tr><td rowspan="2"></td><td rowspan="2"></td><td rowspan="2"></td><td rowspan="2"></td><td rowspan="2"></td><td rowspan="2"></td><td rowspan="2"></td><td></td><td></td><td></td><td></td></tr>
<tr><td></td><td></td><td></td><td></td></tr>
<tr><td>合计</td><td></td><td></td><td></td><td></td><td></td><td></td><td></td><td></td><td></td><td></td></tr>
</table>

表3－17　个体称重记录表

组别________圈(笼)号________单位________

称　　次		Ⅰ	Ⅱ	Ⅲ	……	Ⅵ	备注
日　　期							
动物日龄							
动物号码							
合　　计							
平　　均							
称重人							
记录人							
监督人							

表3－18　按组称重记录表

组别________单位________

日期	动物日龄	称重记录（重量/只数）	总重量	总只数	平　均个体重	称重人	记录人	监督人

表 3－19　产蛋记录表

组别________圈(舍笼)号________单位________记录人________复查人________

日期	日龄	存栏数	产蛋数				产蛋量		备注
			正常蛋	异常数	破蛋	合计	总重	平均蛋重	
合计	—								
平均	—								

表 3－20　蛋重测定表

组别________测定日期________称重人________记录人________

序　号	蛋重(g)	序　号	蛋重(g)	序　号	蛋重(g)	序　号	蛋重(g)
小　计		小　计		小　计		小　计	
平　均		平　均		平　均		平　均	

(2)饲料报酬(单位增重饲料消耗) $= \frac{\text{试验期平均头(只)日耗料量}}{\text{试验期平均头(只)日增重}}$

体重及耗料量的单位:在猪等中大小型动物应用公斤,兔及家禽等小型动物则应用克。

2. 评定饲料对成年禽饲喂效果的计算

(1)产蛋率

$$入舍母禽产蛋率(\%) = \frac{试验期全组产蛋总数(枚)}{本组开产时母禽数 \times 试验期天数} \times 100$$

$$存留母禽产蛋率(\%) = \frac{试验期全组产蛋总数(枚)}{本组试验结束时母禽数 \times 试验期天数} \times 100$$

母鸡的产蛋能力观察期可从开产日期到500日龄,也可以169日龄~224日龄之间进行。

$$(2)\ 平均每只禽产蛋总量 = \frac{试验期本组产蛋总数 \times 平均蛋重}{(本组开产禽数 - 本组试验结束时禽数) \div 2}$$

$$(3)\ 平均每只禽日产蛋量 = \frac{平均每只禽产蛋总数}{试验期天数}$$

(4)产蛋饲料转化率(产每kg蛋需饲料kg数)

$$= \frac{全组育成期和产蛋期耗料总和(kg)}{试验期本组产蛋总量(kg)}$$

$$(5)\ 成活率(\%) = \frac{试验结束时全组禽数}{开始时全组禽数} \times 100$$

$$(6)\ 破蛋率(\%) = \frac{全组试验期破蛋数}{全组试验期总产蛋数} \times 100$$

(二)试验结果的分析判断

根据试验目的和试验方法选择恰当的统计分析方法对试验取得的结果进行分析、并作出技术判断,是饲养试验的最后一步。具体方法可参阅有关书籍。

五、试验报告

饲养试验报告就是把饲养试验的目的、原理、设计过程、结果及其分析写成合乎一定规格要求的文字总结材料,是整个试验过程的完整反映和记录。试验报告的一般格式与要求简述如下:

(一)标题

标题要直言陈述试验的内容,力求准确、简练。其通式一般为:学科+内容+

文章体裁。例如:肉鸡(学科)+不同饲料配方饲喂效果(内容)+试验报告(体裁)。有的标题还可学科前加上品种、地名等。例如《姜曲海生长猪饲料养分消化率测定试验报告》

(二)署名

公开发表或与外单位交流的试验报告,应在标题下署名作者姓名及工作单位。这不仅是作者辛勤劳动的体现和应得的荣誉,而且也是文责自负的要求。有关署名的格式、署名条件、人数和次序等在科技论文写作中均有规定,这里不作细述。

(三)摘要

对较长的试验报告应该写一个内容摘要,也称提要,国际标准化组织(ISO)对"摘要"规定的定义是:"对文献内容的准确扼要而不加注释或评论的简单陈述"。通欲地讲,摘要是对文献内容有关要点的概述。饲养试验报告的摘要内容包括的主要信息,以帮助读者迅速了解报告大意,决定有无必要阅读报告全文,并为情报检索工作提供方便。

(四)正文

试验报告的正文一般包括四方面的内容。

1. 引言

也称前言,有的也写成"试验目的"。其实质是交待为什么要搞这项试验。除此,还要对试验内容和结果加以概括交待。

2. 材料与方法

详细交待试验动物的种类、选择要求;试验处理与分组方法;饲养管理措施、饲养环境条件与要求;饲料配方设计;试验测定记录整理项目与方法;结果统计分析方法等。总之,凡涉及试验处理方面的内容均应作清楚的介绍。

3. 结果与分析

首先,要全面地写出试验结果。无论结果与预期目的是否吻合,也不管结果是否合乎正常逻辑规律,都要全面、真实反映。其次,要对试验结果进行整理分析。对于有创造性的试验结果来说,通过数理统计或其他分析方法进行整理分析,可以将其上升到理性高度。提出有创造性的见解。对一般的试验结果进行系统的整理分析,也可以对其有更深的了解。这一部分是整个试验报告的核心部分,要下功夫归纳整理及分析好。

4. 小结

这一部分是对试验结果的高度概括和归纳总结。无论试验结果是否具有先进性、创造性,也无论试验结果是否合乎一般规律,都要实事求是地加以总结,得出结论。

第四章　饲料质量检测

本章内容包括饲料原料和配合饲料质量检测方法。

实验二十二　饲料原料质量检验

饲料原料的鉴定包括感官鉴定、物理鉴定、化学分析和动物试验四个方面。因为化学分析（定性和定量分析）和动物试验（消化、代谢、饲养试验鉴定等）在其它实验中已有安排，所以这里不再重复，本实验只介绍感观鉴定和物理鉴定。

一、感官鉴定

感官鉴定主要通过感官检验饲料的外观性状（颗粒大小、色泽、杂质、异物、虫害、霉变和结块等）、气味（酸败、焦化、腐臭）和质地（软硬程度、松散程度、水分含量等）。

鉴定时应根据国家颁布的饲料原料标准中的规定内容进行。下面介绍几种常用饲料感官鉴定的内容：

（一）玉米

形状：因玉米品种不同，其籽粒大小，形状，软硬各有不同，但同一品种要求籽粒整齐，均匀一致。无异物，虫蛀，鼠类污染等。玉米粉碎后应注意掺杂的检查。

颜色：除黄玉米呈淡黄色至金黄色外，其他玉米呈白色至浅黄色，通常凹形玉米比硬玉米的色泽较浅。

味道：具玉米特有之甜味，粉碎时有生谷味道，但无发酵酸味，霉味，结块及异臭。

（二）小麦麸

形状:呈粗细不等的片状,疏松,不应有虫蛀,发热,结块现象。

颜色:淡黄褐色至带红色的灰色,但依小麦品种,等级和品质而异。

味道:具有粉碎小麦特有的气味,不应有发酵酸味,霉味或其他异味。

（三）大豆饼

形状:水压机压榨的成园形饼;螺旋铰榨的成“瓦块”状饼,某些小型榨油厂在压制时用稻草包裹,故饼中可见少量稻草。

颜色:淡黄褐色至淡褐色。若颜色过深,是由于加热过度所致,若颜色较浅则为加热不足所致,含有较多尿素酶。

味道:烤黄者有豆香味,但不应有酸败,霉坏及焦化等味道,亦不应有生豆味。

（四）菜籽饼粕

形状:菜籽饼呈小瓦片状,片状或饼状;菜籽粕呈碎片或粗粉状,菜籽饼粕,质脆易碎,其中可见明显的菜籽壳呈破碎的小片状。

颜色:菜籽饼呈褐色;菜籽粕呈黄色或浅褐色,无光泽。

味道:具有菜籽饼粕油香味,微辣,无发酵,霉变,结块及异味异臭。

（五）棉仁饼粕

形状:小瓦片状或饼状。实际榨油中很难全部去掉棉籽壳,所以可见带有棉绒的棉籽壳碎片。

颜色:棉仁饼粕呈黄褐色,带壳的棉籽饼粕呈深褐色。

味道:具有棉仁饼粕油香味,无发酵,霉变,结块及异味异臭。

（六）肉骨粉

形状:粉末状,含粗骨碎粒。

颜色:黄色,淡褐色至深褐色。含脂量高或过热处理时色深,一般猪肉骨制成的肉骨粉色较浅。

味道:具有烤肉香味及牛油、猪油味道。变质时会出现酸败时的哈喇味。

(七)水解羽毛粉

形状:粉末状。

颜色:因羽毛色深浅不同而呈现由金黄色至深褐色或黑色。加热过度时颜色较深。

味道:新鲜之羽毛臭味,不应有焦味,腐败味及其他刺鼻味道。

(八)鱼粉

形状:粉末状,含鳞片,鱼骨等。加工良好的鱼粉具有可见之肉丝,但不应有过热颗粒及杂物,也不应有虫蛀,结块现象。

颜色:色泽随鱼种不同而异。墨罕敦鱼粉呈淡黄色或淡褐色,白鱼粉呈淡黄或灰白色,沙丁鱼粉呈红褐色。加热过度或含脂较高者,颜色加深。

味道:具有正常的鱼腥气味,或者烹烤之鱼香味,不应有腐败,氨臭及焦糊等不良气味。

二、物理鉴定

物理鉴定主要指饲料原料的容重测量和显微镜检测。

(一)饲料容重的测量

1. 原理

容重测量是测定单位体积中饲料的重量(g/L)。通常各种不同的饲料都有其一定的容重,若饲料原料掺有杂质或异物,容重就会改变。我国一些常用饲料的容重见表4-1

表4－1　常用饲料原料的容重　(g/L)

饲　料	容　重	饲　料	容　重	饲　料	容　重
玉米	626	玉米粉	702～723	小麦	610～626
小麦麸	209	大麦	353～401	碎米	546
米糠	351～338	高粱	546	大豆饼粕	594～610
棉籽饼粕	594～642	花生饼粕	466	鱼粉	562
肉骨粉	594	血粉	610	羽毛粉	546
苜蓿(晒干)	225	干啤酒糟	321	木薯粉	533～552

2. 仪器与设备

①量筒:1000 mL,1 个;

②不锈钢盘:4 个,30×40 cm;

③小刀、刮铲、直尺、匙:各1个;

④台称:5 kg,1 台。

3. 样品制备

若测整粒谷实类饲粒容重,只需将谷料充分混匀,无需粉碎。但对颗粒、碎粒状饲料必须通过10目筛板粉碎机粉碎。

4. 测量步骤

①用四分法取样,然后将样品轻轻倒入1000 mL量筒内,使之达到1000 mL刻度处,用刮铲轻轻将饲料刮平。注意在倒入样品时,切勿敲打量筒和用力压实饲料。

②将量好的1000 mL饲料倒入台称称盘中进行称重。以g/L为单位记录样品容重。

③每个样品进行三次平行测量,取其算术平均值作为容重。

(二)饲料的显微镜检测

1. 目的

显微镜检测饲料质量是一种快速、准确、分辨率高的检测方法,它可以检查出用化学方法不易检出的项目,是检查饲料掺假定性和定量分析的有效方法。

2. 原理

借助显微镜扩展人眼功能,依据各种饲料原料的色泽、硬度、组织形态、细胞形态及其不同的染色特性等，对样品的种类和品质进行检定。

鉴定方法有两种，最常用的一种是用立体显微镜（7～40 倍），通过观察样品外部特征进行检定；另一种是使用生物显微镜（50～500 倍）观察样品的组织结构和细胞形态进行鉴定。要求镜检人员必须熟悉各种饲料及掺杂物的显微特征。

3. 仪器设备与试剂

（1）仪器设备

立体显微镜：5～40 倍，1 台；

生物显微镜：40～500 倍，1 台；

放大镜：5 倍，10 倍，各 1 个；

样品筛：可套在一起的 10，20，40，60，80 目筛及底盘 1 套；

天平：万分之一克分析天平，药物天平各一台；

干燥箱：1 台；

研钵：1 套；

点滴板：玻璃的及陶瓷的各一个；

辅助工具：毛刷、小镊子、探针、小剪刀、培养皿、载玻片、盖玻片、擦镜纸、滤纸等。

（2）试剂

二甲苯；

四氯化碳或氯仿：工业级，预先经过过滤和蒸馏处理；

丙酮：工业级；

75% 的丙酮：75 mL 丙酮用 25 mL 水稀释；

稀盐酸：盐酸∶水 = 1∶1；

稀硫酸：硫酸∶水 = 1∶1；

碘溶液：0.75 g 碘化钾和 0.1 g 碘溶于 30 mL 水中，加入 0.5 mL 盐酸，储存于琥珀色滴瓶中；

悬浮液Ⅰ：溶解 10 g 水合氯醛于 10 mL 水中，加入 10 mL 甘油，储于琥珀色滴瓶中；

悬浮液Ⅱ：溶解 160 g 水合氯醛于 100 mL 水中，并加入 10 mL 盐酸；

间苯三酚溶液：间苯三酚 2 g 溶于 100 mL 95% 乙醇中。

4. 饲料镜检基本步骤

饲料镜检的基本步骤见图4－1。

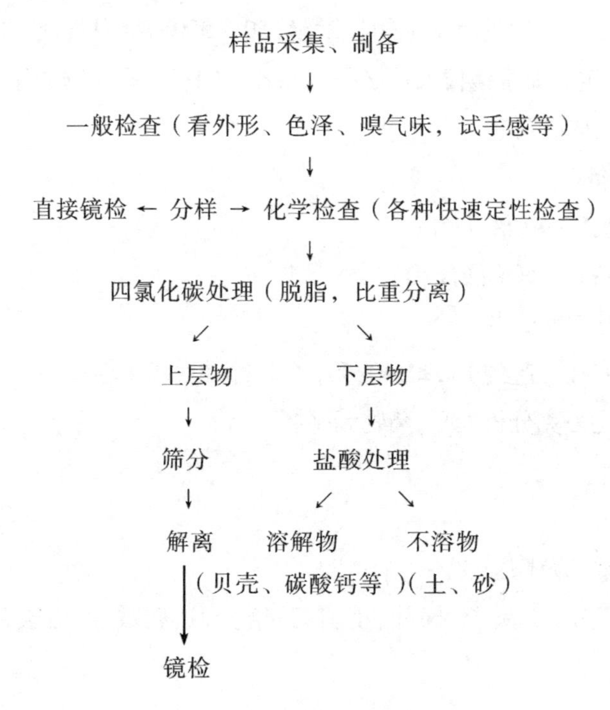

图4－1　饲料镜检基本步骤示意图

鉴定步骤根据具体样品安排,并非每一样品均经过以上所有步骤,以能准确无误完成所要求的的鉴定为目的。

5. 镜检前的准备工作

(1)准备参考样品　搜集各种纯饲料,掺杂物及杂草种子等的样品。并标明品种、来源及加工方法等。

(2)准备一本常用饲料图鉴,以便作为参考,进行对照。

(3)利用立体显微镜和生物显微镜反复观察并尽量熟记各种纯饲料、掺杂的和杂草种子的外观形态和细胞特征。

(4)制备样品

对不同粒度的单一或混合饲料通过人工筛分的初步分离,使样品中在某些方面性状接近的物质相对集中,以利检定。

筛分法:样品若为粉状,可将10、20、40目筛套在一起进行人工筛分,将每层筛面上的样品分别镜检。如为饼状、碎粒或颗粒状，必须用研钵研碎，注意不要研的像化学分析样品那样细，也不得用粉碎机粉碎，以保持原来的组织形态特征。

浮选法：对有些饲料必须将其有机成分与无机成分分开镜检，可用四氯化碳或氯仿进行浮选。取约 10 ~ 20 g 样品置于 100 mL 高型烧杯中，加入 80 ~ 90 mL 四氯化碳，充分搅拌后静置 10 min，将上浮物(有机物)滤出，干燥，筛分；将沉淀物(无机物)滤出，干燥。上浮物和沉淀物分别镜检。如将沉淀物灰化，尔后用稀盐酸(浓盐酸: 水 =1∶3)煮沸、滤过、水洗、干燥、称重，可得土砂含量。

6. 操作步骤

(1)立体显微镜检查

将筛分过的饲料样品铺在培养皿或玻璃平台上，置于立体显微镜下，调节好上方和接近平台的光源，使光以 45°的角度照到样品上以缩小阴影。调节放大倍数至 15 倍，调节照明情况，选择滤光片以便能清晰的观察。先看粗，后看细，在显微镜下从一边开始到另一边，用探针触探，用镊子连续地拨动，翻转着仔细观察，并对样品加压，检查硬度质地和结构等。

对样品中应存在或不应存在的物质应分别记录，并与标准样品比较。如有必要，可将被检样品与标准样品放在同一载玻片上进行观察比较。

用立体显微镜检查时要注意两个问题，一是由于不同的光源，色温不同，因此在不同光源下观察样品的色彩会有区别。以标准日光为全色光，用日光灯作光源，效果偏兰，用白炽灯则会偏红。另一个问题要注意衬板的选择。一般检查深色颗粒用浅色板，检查浅色颗粒时用深色板，以增加对比度，便于观察。

(2)生物显微镜检查

一般将立体显微镜下不能确切判断的样粒移至生物显微镜下观察。使用生物显微镜分析饲料样品时，一般采用涂布法制片，有时也用压片法，但基本不用切片法。

用微型刮勺取少许细粒样品于载玻片上，加两滴悬浮液 Ⅰ，用探针搅匀，使样品均匀地薄薄地分布在玻片上，加盖玻片，吸去多余的悬浮液。检查样品时先用低倍镜头，后用高倍镜头。从左上方开始，顺序检查。通常一个样品要看三张玻片。

由于涂布法制成的样片较厚，而生物显微镜的景深范围有限，调焦时只能看清样品一个很薄的平面。这就要求镜检者有丰富的想象力，在将焦距调节从样片底部到顶部的过程中，应将观察到的各个断层综合成立体印象，然后与标准图鉴进行组织上的比较。

有时不易观察的样品还可借助染色技术。对植物性样品，常用碘染色法和间苯三酚染色法。碘染色法即在样品加1滴碘溶液，搅拌，再观察，此时淀粉细胞被染成浅兰色至黑色，酵母及其他蛋白质细胞呈黄色至棕色。

间苯三酚染色法即用间苯三酚试液浸润样品，放置5 min后滴加浓盐酸，可使木质素显深红色。注意滴盐酸后，要待盐酸挥发后才可观察，以免盐酸挥发腐蚀显微镜头。

若欲做进一步的组织分级，可取少量相同的细粒筛分物，加入约5 mL悬浮液Ⅰ并煮沸1 min，冷却，移取1或2滴底部沉积物置载玻片上，加盖玻片，用显微镜观察。

镜检油类饲料或含有被粘附的细小颗粒遮盖的大颗粒饲料时，取10 g未研细的饲料置于100 mL高型烧杯中，在通风橱内加入三氯甲烷至近满，搅拌，放置1 min。用勺移取漂浮物(有机物)于9 cm表玻璃上，滤干并在蒸汽浴上干燥，过筛后进行镜检。

镜检因有糖蜜而形成团块结构或模糊不清的饲料时，取10 g未研磨饲料置于100 mL高型烧杯中，加入75%丙酮75 mL，搅拌几分钟以溶解糖蜜，并使其沉降。小心滤析并反复提取，用丙酮洗涤，滤析残渣两次，置蒸汽浴上干燥，筛分后镜检。

显微镜镜检技术较难掌握，需要反复练习、对照熟悉各种饲料的形态特征，才能掌握。对初学者应首先掌握常用饲料在立体显微镜下的形态特征。

三、常用饲料原料鉴定的举例

1. 玉米(Corn; Maize)

(1)颜色：黄玉米颜色为淡黄至金黄色，通常凹玉米比硬玉米的色泽较浅。

(2)味道：略具玉米特有之甜味，初粉碎时有生谷味道，但应无酸味及霉味；

(3)容积重：玉米粒0.69~0.75 kg/L；玉米粉0.52~0.64 kg/L；

(4)品种：玉米品种很多，但广泛用于饲料者有下列几种：

①凹玉米(Dent Corn)：轴长，谷粒多且实，故单位面积产量高，在一般情况下种植最多。因其成熟时顶端凹入而得名；

②硬玉米(Flint Corn)：轴细长，成分与凹玉米近似，谷粒硬且早熟；

③甜玉米(Sweet Corn)：较早熟，欧洲及中南美洲均有，呈半透明角质，葡萄糖

含量高，故味甜，含蛋白质及脂肪高于凹玉米，不适于食用的级外品可作饲料用；

④爆玉米(Pop Corn)：谷粒硬，颗粒较其他玉米粒小，蛋白质及脂肪含量比凹玉米高，淀粉消化率较佳；

⑤粉玉米(Flour Corn)：谷粒软，又称软质玉米(Soft Corn)，可轻易用手压碎成粉状，通常为白色或蓝色；

⑥荚玉米(Pod Corn)：玉米之原种，近椭圆形，谷粒外部覆以纤维状外皮；

⑦不透明二号(Opaque-2)、
粢状二号(Floury-2)：两者均为高赖氨酸玉米品种，在其内胚乳中，赖氨酸含量较高。

(5)玉米粒的构造：玉米粒由果皮、种皮和胚乳3部分组成：

①果皮(Hull)：占5.5%，呈方格，半透明，有时呈棕红色，其条纹似指甲纹路；

②种皮(Tip Cap)：占1%；

③胚乳(Endosperm)：占82%，内分：

角质状胚乳(Horny endosperm)：占54%；为角质性(waxy)，淀粉颗粒小，为蛋白质性间质包裹。所以，其内所含之脂肪及蛋白质比粉状胚乳(floury endosperm)高2倍。

粉状胚乳(Floury endosperm)：占28%；为粉状淀粉层，排列较松，周围之蛋白质较少。

胚芽(Germ)：占11.5%。

硬玉米胚内含大量角质性淀粉。凹玉米内含大量粉状淀粉。玉米之淀粉颗粒呈多角形，中间有一黑点(只有玉米及高粱才有)。

(6)品质判断与注意事项

①玉米如同其它谷类，品质随贮存期、贮存条件而逐渐变劣，储存中品质的降低，大致可分为，玉米本身成分的变化，霉菌、虫、鼠污染产生之毒素及动物利用性的降低。

②水源、季节与品质　如玉米种植面积广，采用机械收割，机械运输与机械干燥，加之凹玉米易碎，故玉米粒不易保持完整，粉率较高，霉菌污染机会亦大。同时玉米受地理环境影响(高温多湿)，且储存设备不良，故褐变多，黄曲霉毒素高。一般讲，南美、南非玉米外观纯净，粒子完整，品质较佳。同一产地不同季节下亦有不同品质，以美国玉米为例，1~2月上市者水分较高，7~9月份则较低，粗蛋白质含量亦随之相对变化(冬低夏高)。

③受霉菌污染或酸败之玉米均会降低禽畜食欲及营养价值，若已产生毒素则有中毒之危险，故进口或购买玉米均应订有黄曲霉毒素的限量，有异味之玉米应避免使用。

④判断玉米耐贮存与否的几个因素：

水分含量：温差会造成水分的变动，高水分玉米即成为发霉之来源。

已变质程度：发霉的第一征兆就是着轴变黑，然后胚变色；最后，整粒玉米成烧焦状，变质程度高者应迅速决定即刻使用另作其它用途，切勿再储存。

破碎性：玉米一经破碎，即失去天然保护作用。

其它：虫蛀、发芽、掺杂之程度。市售玉米粉内，不法商人时有掺混入石灰石粉，其检测法为：向供试品中滴入少稀盐酸（1 ：3），如发生泡沫者则表示含有石灰石粉，因发泡乃碳酸钙中之钙与氯结合为氯化钙及碳酸，而碳酸为气体状即可挥发出来。

2. 高粱（Sorghum；Milo）

（1）颜色：依品种而有褐、黄、白之外皮，但内部淀粉质则呈白色，故粉碎后颜色趋淡。

（2）味道：粉碎后略带甜味，但不可有发酸、发霉现象，褐高粱粉咀嚼之所以会有苦涩感，乃高粱含有单宁酸，它主要存于壳部，色深者含量较多。

（3）容积量：高粱粒 0.72 ~ 0.77 kg/L；高粱粉 0.50 ~ 0.60 kg/L。

（4）品种：依色泽分类

①褐高粱（Baown Sorghum）：通常称为黑高粱，含高量单宁酸（约 1 ~ 2%），具苦味，适口性差，一般不宜作饲料用。

②黄高粱（Yellow Sorghum）：通常称为红高粱，是一种低单宁酸含量之新品种（0.4% 以下）适口性差，产自美、澳。

③白高粱（White Sorghum）：单宁酸含量低，粒子小，产量不高。

④混合高粱（Mixed Sorghum）：为上述高粱的混合种，通常指黄高粱中所含褐色高粱超过 10% 者。

（5）高粱粒的构造：高粱之外皮（种皮）与淀粉层粘着很紧密。经粉碎后，在淀粉层可见种皮之附着，呈红棕色。高粱之淀粉层含角质性淀粉较多，所以颗粒较硬；其淀粉颗粒之形状似玉米。

（6）品质判断与注意事项

①单宁酸问题

高粱的颜色由白至黑褐均有，其中褐色呈色物质即为单宁酸，带敛收性，具苦味，含量愈高，则适口性愈差，含单宁酸高之褐高粱，鸟类拒食，故称“抗鸟种”，单宁酸除引起适口性问题外，其主要为害在降低蛋白质及氨基酸之利用率，可引起雏鸡弱症、降低饲料利用率、产蛋率及种鸡之受精率。

②高单宁酸高粱简易辨认法

由于单宁酸存于在于种皮层及其内部，如以漂白试验除去高粱外皮及鞘膜，可看到种皮层颜色而分辨出是否具有呈色之单宁酸。试验程序以下：

取一茶匙高粱粒置于广口瓶内，加 KOH 5 g，及次氯酸钠（$NaClO_7$，一种家庭用漂白剂）四分之一杯，稍加热 7 min，干燥之则漂白完成，漂白后之褐高粱呈现一层很厚的棕黑色种皮，而低单宁酸之高粱则呈白色。

3. 米糠（Rice Bran）

（1）定义：米糠为糙米碾白时，被脱除下来之果皮层、种皮层及外胚乳、胚芽、并混有淀粉层等混合物称之为全脂米糠。其内亦可能混含有少量不可避免之粗糠（稻壳）、碎米及碳酸钙。粗纤维含量应在 13% 以下。如果碳酸钙含量在 3% 以下，则此米糠的名称应附加注明，如“全脂米糠，含碳酸钙 X% 以下”；

（2）颜色：淡黄色或黄褐色；

（3）味道：具有米糠特有之风味，不应有酸败、霉味及异臭出现；

（4）形状：粉状，略呈油感，含有微量碎米、粗糠，其数量应在合理范围内，不应有虫蛀及结块等现象；

（5）容积重：0.22～0.32 kg/L；

（6）品质判断与注意事项

①全脂米糠因含油脂成分高（12%～15%），故甚易氧化酸败。一般测定其游离脂肪酸含量即可知酸败程度；

②米糠中含粗糠比例之多寡亦影响其成分之差异及品质等级。一般可由粗糠中所含木质素来定性与定量判断。进口之米糠中，粗糠通常混合量约在 5%～30%之间；

③利用比重分离法可知其粗糠及磷酸钙之含量多寡，从而判断其等级；

④粗糠含 SiO_2 约 17%（11%～19%），检测硅（SiO_2）的含量，再乘以 5.9（100/17）即为所掺粗糠之估计量。

4. 麸皮(Wheat Bran)

(1)定义:小麦粒在磨制面粉制造过程中所得之副产物,包括果皮层、种皮层、外胚乳及糊粉层等部分在内。

(2)颜色:淡黄褐色至带红色的灰色,但依小麦品种、等级、品质而有差异。

(3)味道:具有粉碎小麦特有的气味,不应有发酸、发霉味道。

(4)形状:粗细不等的片状,不应有虫蛀、发热、结块现象。

(5)品质判断与注意事项

①本品为片状,故掺假时是很容易辨别,粗细则受筛别程度及洗麦用水之多少而影响。

②麸皮易生虫,故不可久贮;水分超过 14% 时,在高温高湿下易变质,这时,在购买时应特别注意之。

③小麦粗粉(Weat flour middlings)亦为制面粉过程之另一副产物,因其呈粉状,辨识不易。由于此品种产品市场需求高,经常缺货,供应商掺假之可能性大。一般掺代之原料有麦片粉、燕麦粉、木薯粉等低价原料。可依风味、物性及镜检(可观察其淀粉颗粒之形状)来区别之。

④次粉　为浅白色至褐色细粉状小麦制(粗)粉付产品,主要由不同比例的麸皮和胚乳及少量胚芽组成。其品质介于普通粉与小麦麸之间。在水分不超过 13% 条件下,以 87% 干物质计,一级品 CP≥15%;CF≤3.5%;灰分<3%。三级品 CP≥10%;CF<9%;灰分<4%。

5. 脱脂大豆粉(Soybean Meal)

(1)定义:大豆种子经压榨或溶剂浸提油脂后之粕,再经适当加热处理与干燥后之产品。

(2)颜色:淡黄褐色至淡褐色。暗褐色的黄豆粕,系由于过度加热处理所造成。一般,这种产品比较不受欢迎。淡黄色者为加热不足的征兆,尚存有尿素酶。

(3)味道:烤黄者有豆香味,但不应有酸败、霉坏及焦化等味道,亦不应有生豆臭味。

(4)形状:片状或粉状。

(5)容积重:粉状 0.49~0.64 kg/L;片状 0.30~0.37 kg/L。

(6)品质判断与注意事项

①本品为粗片状或细粉状,由外观颜色及(壳:粉)之比例,可概略判断其品

质。若壳太多,则品质差,颜色呈浅黄或暗褐色都表示加热不足或过热处理所致,其品质亦差。

②生大豆含有抗胰蛋白酶因子、血球凝集素、甲状腺肿源及尿素酶等抗营养因子。如未经适当加热处理,未把上述抗营养因子除去,会妨碍其养分的利用率。因之应检测其尿素酶活性以判断其品质之优劣。

6. 棉仁饼粕(棉籽饼)(Cotton seed meal,CMS)

用轧棉机把棉绒与棉籽分离,棉籽上存留短毛,棉籽壳呈褐色或黑色,在种籽宽端下面有呈圆形的种脐,棉仁主要部分为子叶,含有大量的油,棉仁内散布有黑色或褐色腺体。带壳提取油所得残渣称为棉籽饼粕,去壳后提取油的残渣称为棉仁饼。实际在榨油工厂中,棉壳不能全部去净。

在体视显微镜下,最易观察棉籽饼粕的特征。

(1)棉絮丝:可观察到棉絮纤维,白色丝状物,半透明,似细粉丝状,棉絮丝倒伏张开或卷曲形,常附着在外壳上或饼粕粉中。棉絮丝上往往粘有杂质小颗粒。

(2)棉籽壳:外壳碎片为弧形状物,颜色为淡褐色,深褐色至黑色,厚硬有弹性,沿其边沿方向有淡褐色至深褐色的不同色层,外壳表面有网状结构的突起。

(3)棉籽仁:棉仁碎片为黄色或黄褐色,含有许多圆形扁平的黑色或红色油腺体和淡红色棉酚色素腺体,棉籽仁与外壳往往被压榨在一起。

7. 菜籽饼粕(Kape seed meal, RSM)

菜籽呈圆球形,菜籽粕粉由于品种不同而颜色各异。一般是红褐色或灰黑色,也有深黄色的。种皮较薄,有些品种外表光滑,也有网状表面。菜籽饼粕质脆易碎。

显微镜下菜籽粕的特征:

(1)种皮和籽仁碎片不连在一起,易碎。种皮薄,外表面为红褐色或黑褐色,种皮有网状结构,内表面有柔弱半透明的浅色薄片覆盖的表面。

(2)籽仁为碎片,形状不规则,有黄色至褐色,无光泽,质脆。

8. 葵花籽饼粕(Suflour seed meal, SFM)

葵花籽外包有一个外壳,占种籽的35% ~50%。外壳颜色具有白色而带有黑色纵向条纹,籽仁内含有丰富的油。葵花籽饼、粕是去壳或不去壳浸出油后的残渣,但去壳的葵花籽饼粕仍有壳的残片。

显微镜下葵花籽饼粕的特征:外壳硬而脆,壳呈白色或白色中带有黑条纹,光滑而有光泽、内表面粗糙、仁粒小,榨油后已成碎片,色黄褐或褐色,无光泽。

9. 芝麻饼粕(Sesame seed meal)

芝麻种籽呈扁梨形,种籽颜色因品种而异:有黑色或白色,表面成网状,且有微小突起,提取油后的饼粕,呈褐色或黑褐色。

显微镜下芝麻饼粕的特征:种皮薄、呈黑色、褐色或黄棕色。种皮表面成网状,并有分布较匀的微小圆形透明突起。碎片不规则。

10. 花生饼粕(Peanut meal)

花生果外壳为淡黄色,表面有纵横交叉的突筋构成,呈网状,壳下面有一层白而深的衬里。花生种籽外面包有一层薄币似的种皮,颜色各异,一般为红色或棕黄色,种皮有清晰纹理脉管。

花生饼粕是去壳或不去壳花生提取油后的残渣。去壳花生饼中也含有少量壳。

显微镜下花生饼粕的特征:外壳表面有突筋呈网状结构,粉碎后壳层,外层为淡黄色,内层为不透明色,内层比外层软,有长短纤维交织,有韧性。种皮非常薄,呈粉红色、白色、有纹理。

11. 鱼粉(Fish Meal)

(1)定义:各种鱼类的全身或鱼身上的某一部分,经油脂分离后,再经干燥压成粉末的产品。

(2)颜色:应有新鲜鱼粉之外观,色泽随鱼种而异,墨罕敦鱼粉呈淡黄或淡褐色,沙丁鱼呈红褐色,白鱼粉为淡黄或灰白色,加热过度或含脂高者,颜色加深。

(3)味道:具有烹烤过之鱼香味,并稍带鱼油味,混入鱼溶浆腥味较重,但不应有酸败,氨臭等腐败味及过热之焦味。

(4)形状:粉状,含鳞片、鱼骨等处理良好之鱼粉均具有可见之肉丝,但不应有过热颗粒及杂物,亦不应有虫蛀、结块现象。

(5)容积重:0.45 ~0.66 kg/L。

(6)鱼粉之构造:鱼粉内含有肌肉组织、骨头及鱼鳞等;鉴别鱼粉,可找骨头及鱼鳞作对比来鉴别之。

① 鱼肉:其肌肉纤维有条纹,与肉骨粉(meat meal)难以比较,但鱼肉之色较淡;

② 鱼骨头:呈细长薄片不规则形,较扁平,一般呈透明 ~ 不透明之银色或淡

色;鱼骨之裂缝呈放射状;

鱼骨含有磷(P),可用钼酸铵溶液检测之。方法如下:

鱼骨 + HCl(1 ∶1) +1 滴 10% 钼酸铵溶液→如呈黄色,表示含有磷。

③鱼鳞(scale):为扁平形,透明薄片,有时稍扭曲,其成分为 Kiten(鱼鳞与钼酸铵及盐酸溶液不起作用,因鱼鳞不含钙、磷)。在高倍显微镜下可看到同心轮,有深色带及浅色带而形成一年轮;

④牙齿:呈圆锥形,较硬;

⑤ 鱼粉内含有食盐,呈晶状体,如与 $AgNO_3$作用,可产生 AgCl 白色沉淀。

(7)品质判断与注意事项

储存期间品质之变化:高蛋白高脂肪之原料容易受环境之影响而降低其价值,鱼粉即为一个典型例子,鱼粉储存期间造成品质下降之现象有如下几种:

①霉害:高温高湿,储存条件不良下容易发霉之鱼粉,失去风味,减低适口性,降低品质,并有中毒之危险;

②虫害:南方的气候,一年四季都有可能发生虫害干燥制品常有昆虫着生,卵、幼虫蛾均有,造成失重,降低养分,其排泄物亦可引起毒害;

③褐色化;在贮存不良时,表面便出现黄褐色之油脂,味变涩,无法消化,此乃鱼油被空气中氧作用而氧化形成醛类物质,再与鱼粉氨臭所产生之氨与三甲铵(Trimethylamin)等作用所生之有色物质;

④焦化:进口鱼粉由于在船舱中长期运输,鱼粉所含的磷量高,容易引起自燃,所造成之烟或高温使鱼粉呈烧焦状态,鸡食后容易引起食滞,应多加注意;

⑤鼠害:鼠害损失亦大,啃食损失及排泄物污染外,并传播壁虱及病原菌;

⑥蛋白质变性:通常储存后总蛋白不变,或有增加之可能(无机氮增加)。但蛋白质消化率会减少,并有氨臭产生,造成家畜拒食。

⑦脂肪氧化:形成强烈油臭,畜禽拒食,且破坏其它营养成分。

(8)鱼粉品质的判断

鱼粉除由味道、色泽等外观形状判别外,一般越新鲜之鱼粉其粘性越佳(因鱼肉之肌纤维富有粘着性),其判断法为:

以 75% 鱼粉 +25% 淀粉混合,加 1.2 ~1.3 倍的水炼制之,然后用手拉其粘弹性即可判断之。粘弹性优者,该鱼粉品质为佳。

12. 肉骨粉(Meat and Bond Meal)

(1)定义:屠宰场或肉联加工厂所生产之肉片、肉屑、皮屑、血液、消化管道、骨、毛、角等,将其切断,充分煮沸并经压榨,尽量将脂肪分离后的残余部分,经干燥后制成的粉末。

(2)颜色:粉状,金黄色至淡褐色或深褐色,含脂量高时色深;过热处理时颜色也会加深。一般猪肉骨制成者颜色较浅。

(3)味道:新鲜之肉味,并具烤肉香及牛油或猪油味。储存不良或变质时,会出现酸败味道。

(4)形状:粉状,含粗骨;颜色、味道及成分应均匀一致,不可含有过多之毛发、蹄、角及血液等。

(5)容积重:0.51 ~0.79 kg/L。

(6)肉骨粉的构造:肉骨粉可能包括毛发、蹄、角、骨、血粉、皮、胃之内容物及家禽之废弃物或血管等。其含磷(P)量在4.4%以上者称为肉骨粉。4.4%以下称为肉粉。检验肉骨粉可从毛、蹄、角及骨等区别之。

① 肌肉纤维:有条纹、白色~黄色,有较暗及较淡之面的区分。

②骨头:

a 动物骨头(Animal bone)

颜色较白、较硬,形状为多角形,组织较致密,边缘较圆平整,内有点状(洞)存在,点状为输送养分处;

b 家禽骨头(Poultry bone)

淡黄白色椭圆长条形,较松软、易碎,骨头上之腔隙(孔)较大;

③皮与角蹄(Skin and Horh Hoof)

皮本身之主成分为胶质,其与角蹄之区别法如下:

与1 : 1 醋酸		加热水	加 HCl
动物有胶、明胶	会膨胀	会胶化、溶解	不冒泡
角　　蹄	不会膨胀	不溶解	会冒泡但反应慢

④毛(Hair)

动物之毛呈杆状,有横纹(Bar),内腔是直的。老鼠之毛发,腔有很多条断续之管道。家禽之羽毛有卷曲状。

(7)显微镜下肉骨粉特征：黄色至淡褐色或深褐色固体颗粒，显油腻，组织形态变化很大，肉质表面粗糙并粘有大量细粉，一部分可看到白或黄色条纹和肌肉纤维纹理，骨质为较硬的白色，灰色或浅棕黄色的块状颗粒，不透明或半透明，有的带有斑点，边缘圆钝。经常混有血粉特征，也有混入动物毛发的样品，毛发特征为长而粗，弯曲，颜色不同。羊毛通常是无色的或半透明白色的弯曲线条。

(8)品质判断与注意事项

①肉骨粉及肉粉，是品质变异相当大的饲料原料，成分与利用率好坏之间，相差相当大，故成份与效果不易控制。

②原料之品质、成分、加工方法、掺杂及储存时间之变化均会影响成品之品质。腐败原料制成之产品品质必然不良，甚至有中毒之可能，过热产品会降低适口性及消化率。溶剂浸提油者脂肪含量较低，温度控制较容易。含血多者蛋白较高，但消化率差，品质不良。

③肉骨粉及肉粉细菌污染之可能性极高，尤其以沙门氏杆菌污染最受注目，平常应定期检查活菌数，大肠菌数及沙门氏杆菌数。

④ 肉骨粉掺杂之情形相当普遍，最常见的是使用水解羽毛粉、血粉等。较恶劣者则添加生羽毛、贝壳粉、蹄、角、皮革粉等以调整成分。

⑤ 正常产品之钙含量应为磷量的2倍左右，比例异常者即有掺假之可能。

⑥灰分含量应为磷量的6.5倍以下，否则即有掺假之可疑。

肉骨粉之钙、磷含量可用下法估计之：

$$钙量\% = 0.348 \times 灰分\%$$

$$磷量\% = 0.165 \times 灰分\%$$

⑦肉骨粉及肉粉所含之脂肪高，易变质，造成风味不良，故应检测其酸价及过氧化价。

13. 水解羽毛粉(Hydrolyzed Feather Meal)

(1)定义：家禽羽毛经清洗、高压水解处理、干燥、粉碎而成之制品。

(2)颜色：浅色生羽毛所制成之产品呈金黄色。深色(杂色)生羽毛所制成之产品为深褐至黑色，加温过度会加深成品颜色，有时呈暗色，可能在屠宰宰杀作业时混入了血液所致。

(3)味道：新鲜之羽毛有臭味，但不应有焦味、腐败味、霉味及其它刺鼻味道。

(4)形状：粉状。同批次产品应有一致之色泽、成分及质地。

(5)容积重:0.45～0.54 kg/L。

(6)羽毛粉的构造:

①完全水解的羽毛粉,在显微镜下为半透明颗粒状,象松香碎粒,颜色以黄为主,夹有灰、褐或黑色颗粒。质地与硬度如松香,光照时有些反光。水解完全的羽毛粉特征与鱼粉中的鱼胶相似,不易辨认,必须仔细观察,找出其根本特征或典型特征后,才可再下结论。

②未水解完全的羽毛粉在显微镜下有如下特征:

羽干:象半透明塑料管,呈黄色至褐色,长短不一厚而硬。具有光滑表面,在羽毛脱落处大多数有锯齿边,加工过热时,即失去锯齿。

羽支:呈长短的碎片,蓬松、半透明,光泽暗淡,呈白色至黄色,加工过热变为黑色。

羽小支:呈粉状,呈白色至奶油色,在40倍显微镜下,看起来非常小而松脆的碎片有光泽,并结团。

羽根:呈圆扁管状,黄色至褐色,粗糙,坚硬并有光滑的边。

(7)品质判断与注意事项

①影响品质之最大因素在水解的程度,过度溶解(如果胃蛋白酶消化率在85%以上)乃蒸煮过度所致,会破坏氨基酸,降低蛋白质品质。同样,水解不足(如胃蛋白酶消化率在65%以下),乃蒸煮不足所致;双硫键结合未分解,蛋白质品质亦不良。处理程度可用容积比重加以判断,因原料羽毛很轻,处理后会形成细片状与高浓度块状,致容积比重加大。

②加入石灰可促进蛋白质分解,且可抑制臭气产生,但也同时加速氨基酸的分解,胱氨酸约60%,其它必需氨基酸约损失20%～25%,因而在规定中就不应使用这一类促进剂(如石灰)。

③羽毛粉的原料在处理前不应有腐败现象,因为羽毛一浸水,经放置一段时间后,马上会产生恶臭造成公害。为此,与屠体分离后的羽毛,应尽早处理。

④ 产品颜色变化大,深色者如果不是基于制造过程中因烧焦而产生者,则在营养价值上并无差别。

14. 血粉(Blood Meal)

(1)定义:动物之血液经凝固、加压、干燥、粉碎而成之粉末。

(2)物理性状:

	蒸馏干燥	瞬间干燥	喷雾干燥
颜　色	红褐至黑色，随干燥温度之增加而加深色泽。	一致的红褐色	一致的红褐色
味　道	应新鲜，不应有腐败、发霉及异臭，如有辛辣味，可能血中混有其他物质	同左	同左
溶水性	略溶于水	不溶于水	易溶于水及潮解
质　地	小圆粒或细粉末状，不应有过热颗粒及潮解、结块现象。	粉末状、不应有潮解、结块现象	粉末状、不应有潮解、结块现象
细　度	98%可通过10号标准筛，100%可通过7号标准筛。	同左	同左
比　重	0.48～0.60 kg/L	同左	同左

(3)显微镜虾血粉的特征

血粉的颗粒形状各异，有的边缘锐立，有的边缘粗糙不整齐，颜色呈红褐色至紫黑色，质硬、无光泽或有光泽，表面光泽或粗糙，用喷雾干燥法制得的血粉颗粒小，大多是球状并结团。

(4)品质判断与注意事项

①干燥方法及温度是影响品质的最大因素，持续高温会造成大量赖氨酸之结合或失去活性，因而影响单胃动物之利用率，故赖氨酸利用率乃判断品质好坏的重要指标。通常瞬间干燥及喷雾干燥者品质较佳，蒸煮干燥者品质较差。

②同属蒸煮干燥之产品，其水溶性差异变化很大，低温制造者水溶性较强，高温干燥者水溶性差，故可由其水溶性之情形作为品质判断之依据。

③水分不宜太高，应控制在12%以下，否则容易发酵、发热。水分太低者可能加热过度，颜色趋黑，消化率亦降低。

15. 虾粉

以虾壳为主体，有虾须、虾眼、少量虾肉，多为淡黄色至橙黄色。

显微镜下虾粉的特征：虾壳类似卷曲的云母薄片形状，半透明，少量虾肉常与外壳连在一起,虾眼为黑色球形颗粒,较硬,为虾粉中较易辨认的特征,虾触角一般在样品的下层,在显微镜下观察,1 mm 断开的触角会有 3 ~4 个相联的环节。

16. 蟹粉

以蟹壳为主体,包括蟹爪和极少的蟹肉,外表面为褐色如麸皮,有的为琥珀色至橙红色,内表面为白色。

显微镜下蟹粉的特征:蟹壳粉为不规则的片状颗粒,较硬,不透明,外表层多孔,布有蜂窝状圆孔,蟹角的断裂面不整齐,高低不平,类似用手掰开药片的断裂面。有时能见蟹爪的特征。

17. 稻糠

稻谷经脱粒后的外壳粉。为黄色至深黄色,薄皮,外表粗糙似锉。

显微镜下稻糠的特征:形状不规则的碎片,黄色至深黄色或褐色,外表面具有稻糠特有的网状交错纹理,突出部分似玉米棒上的籽粒排列有序,并具有光泽(主要特征)有时上面附着白色光亮的淀粉细粒。

实验二十三　鱼粉的掺假鉴定(综合实验)

一、试验目的

通过试验能正确判断鱼粉的真假和质量好坏。能够利用显微镜、化学试剂鉴别鱼粉的掺假状况,以此初步判断鱼粉的质量,便于生产实践中鱼粉的合理采购和应用。

二、试验原理

显微镜检测是指利用体视显微镜观察饲料的外观、组成、形态、色泽、颗粒大小、软硬度、结构及其不同的染色特性等。根据饲料养分与化学试剂接触后特性,用化学方法(定性、定量)鉴定饲料原料的种类及异物的方法。

三、仪器设备及耗材

1. 立体显微镜:1 台(黑、白背景载物板);

2. 一次性培养皿；

3. 牙签；

4. 分析筛：包括10、20、40、60、80目筛；

5. 分析天平（万分之一）：1台；

6. 试管：5ml；

7. 钥匙；

8. 试管架；

9. 试管夹

10. 洗瓶；

11. 擦镜纸；

12. 移液管；

13. 洗耳球；

14. 水浴锅。

四、鉴定方法

（一）显微镜检验

显微镜检验可根据各种饲料原料的结构特征在体视显微镜下观察和辨别，显微镜检需要一定的经验或长期工作的经验。

1. 体视显微镜的使用及注意事项

体视显微镜能获得立体感觉，其原理是由于通过两个接目镜对物体从不同的方向在人眼的网膜上形成的象而产生的。本显微镜具有倾斜成45°的双筒，通过双筒可以观察到宽广视野中正立的具有立体感的物象。其中右侧接目镜筒上有视度调节圈的位置，如观察者双眼视度具有差异，可以先调节显微镜使左眼成像清晰，然后旋转右侧视度调节圈至右眼成像清晰。双筒可以在一定角度内相对地转动以适应工作者两眼间距离。

2. 镜检的步骤

（1）将摊有样品的培养皿置于体视显微镜下观察，可采用充足的自然光源观察或显微镜光源（调至适宜的关照度）观察。

（2）体视显微镜载物台的衬板选择要考虑被检样品的色泽，观察深色样品用白色衬板,观察浅色样品用黑色衬板。当然检测一个样品可先用白色衬板观察一遍,再用黑色衬板再观察一遍。

(3)先用低倍显微镜观察,再用高倍显微镜观察。

(4)在显微镜下观察时,用牙签拨动、翻转样品颗粒,先观察特征明显的大颗粒,再观察小颗粒。然后再系统检查各组分,来鉴别和确定掺假物。

3. 鱼粉的镜检特征

在体视显微镜下观察,鱼粉为小颗粒状物,表面无光泽。鱼肉表面粗糙,具有显微结构,其肌纤维大多数呈短片状,易碎、卷曲,表面光滑、无光泽,半通明。鉴定鱼粉的主要依据是鱼骨和鱼鳞的特征。鱼骨有刺,为半透明或不透明的碎块,大小形状各异,呈白色至白黄色,一些鱼骨屑呈琥珀色表面光滑,鱼刺细长而尖,似脊椎状,仔细观察可看到鱼刺破块中有大端头或小端头的鱼刺特征,鱼头骨为片状,半透明,正面有纹理,鱼骨坚硬无弹性。鱼骨碎片的大小、形状各异,鱼体各部分(头、尾、腹、脊)的骨片特征也不相同。鱼鳞是一种薄、平而卷曲的片状物,外表面有一些同心圆线纹。鱼皮是一种晶体样的凸透镜样物体,半透明,表面破碎,形成如白色的玻璃珠。在鱼粉中和以上特征相差较远的其他颗粒或粉状物多为掺假物,可根据掺假物的镜检特征进一步进行化学分析来鉴定。

4. 掺假物的镜检特征

(1)掺菜籽粕的鱼粉

鱼粉中掺有菜籽粕时,镜下可见菜籽粕的种皮,其种皮特征为棕色且薄,外表面有蜂窝状网孔,表面有光泽,内表面有融入按的半透明白色薄片附着。菜籽粕的种皮和籽仁碎片呢不连在一起,籽仁成黄色,形状不规则,无光泽。

(2)掺棉籽饼(粕)的鱼粉

鱼粉中掺有棉籽饼(粕)时,镜下可见棉絮纤维附着在外壳上及饼(粕)颗粒上,棉絮纤维为白色丝状物,中空、扁平、卷曲、半透明、有光泽,棉籽壳碎片为棕色或红棕色,较厚。沿其边沿方向有黄色或黄褐色的不同色层,并带有阶梯似的表面。棉籽碎片为黄色或黄褐色,含有许多圆形扁平黑色或红褐色油腺体或棉酚色腺体。

(3)掺稻壳粉的鱼粉

鱼粉中掺入稻壳粉,镜下课件稻壳碎片,该碎片表面有光泽和井子条纹,并可看到壳表面的茸毛。

(4)掺水解羽毛粉的鱼粉

鱼粉中掺有水解羽毛粉，镜下可见半透明不规则的碎颗粒，有反光现象。同时课件羽毛轴，似空心圆。也可看见为充分水解的生羽毛。

(5)掺血粉的鱼粉

鱼粉中掺有血粉，镜下可见血粉特征，血粉在镜下颗粒、形状各异，有的边缘锐利，有的边缘不整齐。颜色有黑色的似沥青或为血红色晶壳的小珠。

(6)掺肉骨粉的鱼粉

鱼粉中掺入肉骨粉，镜下可见黄色至深褐色的颗粒，含脂肪高的色泽较深，且有油反射的光泽，其表面粗糙。镜下可见很细的、相互联接的肌肉纤维。骨质为白色、灰色或浅棕黄色的块状颗粒，不透明或半透明，带斑点，边缘圆钝。此外还可见到毛发、蹄角等，常可见混有血粉的特征。

(7)掺虾粉的鱼粉

鱼粉中掺入虾粉，镜下可见虾须、虾眼球、虾外壳和虾肉等。虾壳类似卷曲的云母状薄片，半透明。少量的虾肉与虾壳连在一起。虾眼为黑色球形颗粒状，为虾粉中较易辨认的特征。虾须在镜下以断片形式存在，长圆管状、带有螺旋形平行线。虾腿宽管状，半透明，带毛或不带毛。

(8)掺蟹壳粉的鱼粉

鱼粉中掺入蟹壳粉，镜下可见蟹壳特征。蟹壳为规则的碎片状，壳外层多为橘红色，多孔，并有蜂窝状的圆形斑。

(9)掺贝壳粉的鱼粉

鱼粉中掺入贝壳粉，镜下可见贝壳的微小颗粒，表面光滑，颜色与贝壳的种类不同而有差异，有的为白色或灰色，也有的为粉红色。有些颗粒外表面具有同心的或平行的纹理或者有交错的线束，有些碎片边缘呈锯齿状。

(二)化学鉴定

1. 鱼粉中掺入尿素的检测

取1~2 g样品于玻璃试管中，加入少许豆粉和5 mL蒸馏水，轻轻振荡，让其充分混合。将玻璃试管置于65 ℃恒温水浴锅中1~2 min，然后滴加6~7滴酚红试剂。如果出现变红的现象，说明掺假物为尿素。

2. 鱼粉中掺入石粉的检测

取1～2 g样品于5 ml玻璃试管中，轻轻振荡，让其充分混合。将玻璃试管中加入6～7滴盐酸。如果出现有气泡产生的现象，说明掺假物为石粉。

3. 鱼粉中掺入次粉的检测

取1～2 g样品于玻璃试管中，加入5 mL蒸馏水，轻轻振荡，让其充分混合。将玻璃试管置于65 ℃恒温水浴锅中1～2 min，冷却后加入2滴碘－碘化钾试剂。如果出现变蓝或黑蓝的现象，说明掺假物为次粉。

4. 鱼粉中掺入血粉的检测

取少许被检鱼粉放入白瓷皿或白色点滴板中，加联苯胺－冰乙酸混合液数滴(1克联苯胺加入100 mL冰乙酸中，加150 mL蒸馏水稀释)浸湿被检鱼粉，再加3%过氧化氢液1滴，若掺有血粉被检样即显深绿色或蓝绿色。

5. 鱼粉中掺入木质素的检测

取1～2 g样品于玻璃试管中，加入间苯三酚，将样品浸湿。放置5～10 min，滴加浓盐酸2～3滴，观察颜色，如试样呈深红色，说明掺假物含有木质素。

6. 鱼粉中掺入鞣革粉的检验

根据用铬鞣制的皮革中含有铬，将鱼粉灰化，鞣革中的铬有一部分会转化为六价铬，在强酸条件下，六价铬会与二苯基卡巴腙反应生成铬－二硫代卡巴腙的紫红色水溶性化合物，此反应可检验出微量的铬。

7. 鱼粉中掺入羽毛粉的鉴别

取被检鱼粉，用四氯化碳进行前处理，将处理后的样品在30倍～50倍显微镜下观察，除见有表面粗糙且有纤维结构的鱼肉颗粒外，尚可见有或多或少的羽毛、羽杆和羽管(中空、半透明)。经水解的羽毛粉形同玻璃碎粒，质地与硬度如塑胶，呈灰褐色或黑色。

8. 硝酸银试验

取1～2 g样品于5 mL玻璃试管中，加少许硝酸银溶液进行观察，生成白色晶体，并慢慢变大，未知颗粒为氯化物；生物黄色结晶，并呈黄色针状，未知物为磷酸氢二盐或磷酸二氢盐；如果生成能略微溶解的彩色针状物，说明是硫酸盐。

9. 钼酸盐试验

取1～2 g样品于5 mL玻璃试管中，加少许钼酸盐溶液进行观察。在接近未知颗粒的地方生成微小的结晶，说明掺假物为磷酸三钙或磷酸盐。

10. 硫酸试验

取1 ~2 g样品于5 mL玻璃试管中,加少许盐酸,再加少许硫酸,如慢慢形成细长白色针状物,说明掺假物为钙盐。

11. 茚三酮试验

取1 ~2 g样品于5 mL玻璃试管中,加少许茚三酮溶液,加热至约80 ℃,未知颗粒显蓝紫色,说明掺假物是蛋白

实验二十四　配合饲料粉碎粒度的测定

本测定法适用于规定的标准筛测定配合饲料成品的粉碎粒度。

一、仪器

(1)标准编织筛:

筛目(目/英寸)4,6,8,12,16

净孔边长(mm)5.00, 3.20,2.50, 1.60, 1.25。

(2)摇筛机:统一型号、电摇筛机。

(3)天平:感量为0.01 g。

二、测定步骤

从原始样品中称取试样100 g,放入规定筛层的标准编织筛内,开动电动机连续筛10 min,筛完后,将各层筛上物分别称重,计算:

$$\text{该筛层上留存百分率(\%)} = \frac{\text{该筛层上留存粉碎的重量(g)}}{\text{试样质量(g)}} \times 100$$

检验结果计算到小数点后第一位,第二位四舍五入。

三、注意事项

(1)测定结果以统一型号的电动摇筛机为标准,在该摇筛机未定型及普及前,各地暂用测定面粉粗细度的电动筛机(或手工筛5 min后计算结果)。

(2)筛分时若发现有未经粉碎的谷粒与种子时,应加以称重并记载。

实验二十五　配合饲料混合均匀度的测定

本检测法是通过配合饲料示踪物或某一组分含量差异的测定来反映该饲料中各组分分布的均匀性。

配合饲料成品的混合均匀度可分甲基紫法或沉淀法进行测定。

一、甲基紫法

本法以甲基紫色素作示踪物,将其与添加剂一并加入,预先混合于饲料中,然后以比色法测定样品中甲基紫含量,作为反映饲料混合均匀度的依据。

1. 仪器与试剂

722 型分光光度计,150 目标准铜丝网筛,甲基紫,无水乙醇。

2. 示踪物的制备与添加

将测定用的甲基紫混匀并充分研磨,使其全部通过 150 目标准筛。

按照配合饲料成品量的十万分之一的用量,在加入添加剂的工段投入甲基紫。

3. 样品的采集与制备

(1)本法所需的样品系配合饲料成品,必须单独采取与制备。

(2)每一批饲料至少抽取 10 个有代表性的原始样品。每个原始样品的数量应以畜禽的平均一日采食为准,即肉用仔鸡前期饲料取样 50 g;肉用仔鸡后期与产蛋鸡料取样 100 g;生长肥育猪饲料取样 500 g;该 10 个原始样品的布点必须考虑各方面深度,袋数或料流的代表性;但是,每一个原始样品必须由一点集中取样。取样前不允许有任何翻动或混合。

(3)将上述每个原始样品在化验室充分混匀,以四分缩减法从中分取 10 g 化验样本进行测定。

4. 测定步骤

从原始样品中准确称取 10 g 化验样本,并放入 100 mL 的小烧杯中,加入 30 mL乙醇,不时地加以搅动,烧杯上盖一表面玻璃,30 min 后用滤纸过滤(新华定性滤纸,中速),以乙醇溶液作空白调节零点,用分光光度计,以 5 mm 比色皿在 590 nm的波长下测定滤液的光密度。

以各次测定的光密度值为 $X_1,X_2,X_3,\cdots$,

X_{10},其平均值 X,标准差 S 与变异系数 CV,按式(1)~(4),进行计算:

$$X = \frac{X_1 + X_2 + X_3 + \cdots + X_{10}}{10} \tag{1}$$

其标准差 S 为:

$$S = \sqrt{\frac{(X_1 - X)^2 + (X_2 - X)^2 + (X_3 - X)^2 + \cdots + (X_{10} - X)^2}{10 - 1}} \tag{2}$$

或

$$S = \sqrt{\frac{X_1^2 + X_2^2 + X_3^2 + \cdots + X_{10}^2 - 10X^2}{10 - 1}} \tag{3}$$

由平均值 X 与标准差 S 计算变异系数 CV:

$$CV(\%) = \frac{S}{X} \times 100 \tag{4}$$

5. 注意事项

(1)由于出厂的各批甲基紫的甲基化程度不同,颜色可能有差别,因此,测定混合均匀度所用的甲基紫,必须用同一批次的、并加以混匀后,才能保持同一批饲料中各样品测定值的可比性。

(2) 配合饲料中若添加有苜蓿粉、槐叶粉等含有叶绿色素的组分,则不能用甲基紫法测定。

(3)不可将10个原始样本混合后制备化验样本。

二、沉淀法

本法是利用比重为1.59以上的四氯化碳液处理样品,使沉于底部的矿物质与饲料中的有机组分分开,然后,将沉淀的无机物回收,烘干,称重,以各样品中沉淀物含量的差异来反映饲料的混合均匀度。

1. 仪器和试剂

500 mL梨形分液漏斗,电吹风或电热板,烘箱,天平,四氯化碳。

2. 样品的采集和制备

除了化验用的小样取50 g以外,样品的采集与制备和甲基紫法相同。

3. 测定步骤

称取50 g试样,小心地移入500 mL梨形分液漏斗中,加入四氯化碳100 mL,

搅混均匀，静置 10 min（中间摇动一次），慢慢将分液漏斗底部的沉淀物放入 100 mL 的小烧杯，静置 5 min 后将烧杯中的上层清液倒回漏斗中，将分离漏斗摇动并静置 5 min，小心倒去烧杯中的上层清液后加入 25 mL 新鲜的四氯化碳，摇动后置 5 min，再倒去上层清液（每个样品放出沉淀物及倾倒上清液时，其液体数量要大致相似）。用电热吹风或在电热板上烘干小烧杯中的沉淀物，待溶剂挥发后将沉淀物置 90℃烘箱中烘 2 h 后称重，得各化验样品中沉淀物的重量或样品中沉淀物的重量百分比（$X_1, X_2, X_3, \cdots, X_{10}$）。

该批饲料 10 个样品沉淀物的平均值 X、标准差 S 与变异系数 CV 等均按甲基紫法计算。

三、注意事项

（1）同一批饲料的 10 个样品测定时应尽量保持操作的一致性，以保证测定值的稳定性和重复性。

（2）小烧杯中的沉淀物干燥应特别小心，严防因残余溶剂沸腾而使沉淀物溅出。

（3）整个操作最好在通风橱内进行，以保证操作人员的健康。

附　　录

表一　国际原子量表

元素	符号	原子量	元素	符号	原子量	元素	符号	原子量
银	Ag	107.868	汞	Hg	200.59	铑	Rh	102.955
铝	Al	26.98154	钬	Ho	164.9304	钌	Ru	101.07
氩	Ar	39.948	碘	I	126.9045	硫	S	32.06
砷	As	74.9216	铟	In	114.82	锑	Sb	121.75
金	Au	196.9665	铱	Ir	192.22	钪	Sc	44.9559
硼	B	10.81	钾	K	39.0983	硒	Se	78.96
钡	Ba	137.33	氪	Kr	83.80	硅	Si	28.0855
铍	Be	13	镧	La	138.9055	钐	Sm	150.4
铋	Bi	208.9804	锂	Li	6.941	锡	Sn	118.69
溴	Br	79.904	镥	Lu	174.963	锶	Sr	87.62
碳	C	12.011	镁	Mg	24.305	钽	Ta	180.9479
钙	Ca	40.08	锰	Mn	54.9380	铽	Tb	158.9254
镉	Cd	112.41	钼	Mo	95.94	碲	Te	127.60
铈	Ce	140.12	氮	N	14.0067	钍	Th	232.0381
氯	Cl	35.453	钠	Na	22.98977	钛	Ti	47.90
钴	Co	58.9332	铌	Nb	92.9064	铊	Tl	204.37
铬	Cr	51.996	钕	Nd	144.24	铥	Tm	168.9342
铯	Cs	132.9054	氖	Ne	20.179	铀	U	238.029
铜	Cu	63.546	镍	Ni	58.70	钒	V	50.9415
镝	Dy	162.50	镎	Np	237.0482	钨	W	183.85
铒	Er	167.26	氧	O	15.9994	氙	Xe	131.30
铕	Eu	151.96	锇	Os	190.2	钇	Y	88.9059
氟	F	18.998403	磷	P	30.97376	镱	Yb	173.04
铁	Fe	55.847	铅	Pb	207.2	锌	Zn	65.38

续表

元素	符号	原子量	元素	符号	原子量	元素	符号	原子量
镓	Ga	69.72	钯	Pd	106.4	锆	Zr	91.22
钆	Gd	157.25	镨	Pr	140.9077			
锗	Ge	72.59	铂	Pt	195.09			
氢	H	1.0079	镭	Ra	226.0254			
氦	He	4.00260	铷	Rb	85.4678			
铪	Hf	178.49	铼	Re	186.207			

表二　常用酸碱指示剂

指示剂	PKHIn	变色范围 pH	酸色	碱色	配制方法
百里酚蓝（麝香草酚蓝）	1.65	1.2～2.8	红	黄	0.1%的20%乙醇溶液
甲基橙	3.4	3.1～4.4	红	橙黄	0.05%水溶液
溴甲酚绿	4.9	3.8～5.4	黄	蓝	0.1%的20%乙醇溶液或0.1 g指示剂溶于2.9 mL 0.05 mol/L NaOH加水稀释至100 mL
甲基红	5.0	4.4～6.2	红	黄	0.1%的60%乙醇溶液
溴百里酚蓝（麝香草酚蓝）	7.3	6.2～7.3	黄	蓝	0.1%的20%乙醇溶液
中性红	7.4	6.8～8.0	红	黄橙	0.1%的60%乙醇溶液
百里粉蓝（第二变色范围）	9.2	8.0～9.6	黄	蓝	0.1%的20%乙醇溶液
酚酞	9.4	8.0～10.0	无色	红	0.5%的90%乙醇溶液
百里酚酞	10.0	9.4～10.6	无色	蓝	0.1%的90%乙醇溶液

表三 普通酸碱溶液的配制

名称(分子式)	比重(g/mL)	含量(W/W%)	近似摩尔浓度(mol/L)	欲配溶液的摩尔浓度(mol/L)			
				6	3	2	1
				配制 1L 溶液所需的 mL 数(或 g 数)			
盐 酸(HCl)	1.18~1.19	36~38	12	500	250	167	83
硝 酸(HNO_3)	1.39~1.40	65~68	15	381	191	128	64
硫 酸(H_2SO_4)	1.83~1.84	95~98	18	84	42	28	14
冰醋酸(HAc)	1.05	99.9	17	353	177	118	59
磷 酸(H_3PO_4)	1.69	85	15	39	19	12	6
氨 水($NH_3 \cdot H_2O$)	0.90~0.91	28	15	400	200	134	77
氢氧化钠($NaOH$)				(240)	(120)	(80)	(40)
氢氧化钾(KOH)				(339)	(170)	(113)	(56.5)

表四 混合酸碱指示剂

指示剂组成(体积比)	变色点 pH	酸 色	碱色	备 注
一份 0.1% 甲基橙水溶液 一份 0.25% 靛蓝二磺酸钠水溶液	4.1	紫	绿	灯光下可滴定

续表

指示剂组成(体积比)	变色点pH	酸色	碱色	备注
一份0.02%甲基橙水溶液 一份0.1%溴甲酚绿钠盐水溶液	4.3	橙	蓝绿	pH 3.5 黄色 pH 4.0 绿色 pH 4.3 浅绿
三份0.1%溴甲酚绿20%乙醇溶液 一份0.2%甲基红60%乙醇溶液	5.1	酒红	绿	颜色变化极鲜明
一份0.2%甲基红乙醇溶液 一份0.1%次甲基蓝乙醇溶液	5.4	红紫	绿	pH 5.2 红紫 pH 5.4 暗蓝 pH 5.6 绿色
一份0.1%溴甲酚绿钠盐水溶液 一份0.1%氯酚红钠盐水溶液	6.1	黄绿	蓝紫	pH 5.6 蓝绿 pH 5.8 蓝色 pH 6.0 浅紫 pH 6.2 蓝紫
一份0.1%溴甲酚紫钠盐水溶液 一份0.1%溴百里酚蓝钠盐水溶液	6.7	黄	紫蓝	pH 6.2 黄紫 pH 6.6 紫 pH 6.8 蓝紫
一份0.1%中性红乙醇溶液 一份0.1%次甲基蓝乙醇溶液	7.0	蓝紫	绿	pH 7.0 为蓝绿 必须保存在棕色瓶中
一份0.1%甲酚红钠盐水溶液 三份0.1%百里酚蓝钠盐水溶液	8.3	黄	紫	pH 8.2 玫瑰色 pH 8.4 紫色
一份0.1%百里酚蓝50%乙醇溶液 三份0.1%酚酞50%乙醇溶液	9.0	黄	紫	pH 9.0 绿色

表五　容量分析基准物质的干燥

基准物质	干燥温度和时间	基准物质	干燥温度和时间
碳酸钠（Na_2CO_3）	500～650℃，40～50 min	氯化钠（NaCl）	500～650℃，干燥 40～50 min
草酸钠（$H_2C_2O_4$）	150～200℃，1～1.5 h	硝酸银（$AgNO_3$）	室温，硫酸干燥器中至恒重
草　酸（$H_2C_2O_4 \cdot 2H_2O$）	室温，空气干燥 2～4 h	碳酸钙（$CaCO_3$）	120℃，干燥至恒重
硼　砂（$Na_2B_2O_7 \cdot 10H_2O$）	室温，在 NaCl 和蔗糖饱和液的干燥器中，4h	氧化锌（ZnO）	800℃，灼烧至恒重
邻苯二甲酸氢钾（$KHC_6H_4O_4$）	100～120℃，干燥至恒重	锌（Zn）	室温，干燥器 24 h 以上
重铬酸钾（$K_2Cr_2O_7$）	100～110℃，干燥 3～4 h	氧化镁（MgO）	800℃灼烧至恒重

表六　筛号与筛孔直径对照表

筛　号	孔径(mm)	网线直径(mm)	筛　号	孔径(mm)	网线直径(mm)
3.5	5.66	1.448	35	0.50	0.290
4	4.76	1.270	40	0.42	0.249
5	4.03	1.117	45	0.35	0.221
6	3.36	1.016	50	0.297	0.188
8	2.38	0.841	60	0.250	0.163
10	2.00	0.759	70	0.210	0.140
12	1.68	0.691	80	0.171	0.119
14	1.41	0.610	100	0.149	0.102
16	1.19	0.541	120	0.125	0.086
18	1.10	0.480	140	0.105	0.074
20	0.84	0.419	170	0.088	0.063
25	0.71	0.371	200	0.074	0.053
30	0.59	0.330	230	0.062	0.046

表七　缓冲溶液的配制

1. 氯化钾——盐酸缓冲溶液

A. 0.2 mol/L KCl (mL)	50	50	50	50	50	50	50
B. 0.2 mol/L HCl (mL)	97.0	64.3	41.5	26.3	16.6	10.6	6.7
水 (mL)	53.0	85.5	108.5	123.7	133.4	139.4	143.3
pH (20℃)	1.0	1.2	1.4	1.6	1.8	2.0	2.2

2. 邻苯二甲酸氢钾——氢氧化钾缓冲溶液

A. 0.2 mol/L $KHC_6H_4O_4$ (mL)	50	50	50	50	50
B. 0.2 mol/L HCl (mL)	46.70	32.95	20.32	9.90	2.63
水 (mL)	103.30	117.05	129.68	140.0	147.37
pH (20℃)	2.2	2.6	3.0	3.4	3.8

3. 邻苯二甲酸氢钾——氢氧化钾缓冲溶液

A. 0.2 mol/L $KHC_6H_4O_4$ (mL)	50	50	50	50	50
B. 0.2 mol/L NaOH (mL)	0.40	7.50	17.70	29.95	39.85
水 (mL)	149.60	142.50	132.20	120.05	110.15
pH (20℃)	4.0	4.4	4.8	5.2	5.6

4. 乙酸——乙酸钠缓冲溶液

A. 0.2 mol/L HAc (mL)	185	164	126	80	42	19
B. 0.2 mol/L NaAc (mL)	15	36	74	120	158	181
pH (20℃)	3.6	4.0	4.4	4.8	5.2	5.6

5. 磷酸二氢钾——氢氧化钠缓冲溶液

A. 0.2 mol/L KH_2PO_4 (mL)	50	50	50	50	50	50
B. 0.2 mol/L NaOH (mL)	3.72	8.60	17.80	29.63	39.50	45.20
水 (mL)	146.26	141.20	132.20	120.37	110.50	104.80
pH (20℃)	5.8	6.2	6.6	7.0	7.4	7.8

6. 硼砂——氢氧化钠缓冲溶液

A. 0.2 mol/L 硼砂 (mL)	90	80	70	60	50	40
B. 0.2 mol/L NaOH (mL)	10	20	30	40	50	60
pH (20℃)	9.35	9.48	9.66	9.94	11.04	12.32

7. 氨水——氯化铵缓冲溶液

A. 0.2 mol/L $NH_3 \cdot H_2O$ (mL)	1	1	1	2	8	32
B. 0.2 mol/L NH_4Cl (mL)	32	8	2	1	1	1
pH (20℃)	8.0	8.58	9.1	9.8	10.4	11.0

8. 常用缓冲溶液的配制

pH	配制方法
3.6	$NaAc \cdot 3H_2O$ 8 g,溶于适量水中,加 6 mol/L HAc 134 mL,稀释至 500 mL
4.0	$NaAc \cdot 3H_2O$ 20 g,溶于适量水中,加 6 mol/L HAc 134 mL,稀释至 500 mL
4.5	$NaAc \cdot 3H_2O$ 32 g,溶于适量水中,加 6 mol/L HAc 68 mL,稀释至 500 mL
5.0	$NaAc \cdot 3H_2O$ 50 g,溶于适量水中,加 6 mol/L HAc 34 mL,稀释至 500 mL
8.0	NH_4Cl 50g,溶于适量水中,加 15 mol/L $NH_3 \cdot H_2O$ 3.5 mL,稀释至 500 mL
8.5	NH_4Cl 40 g,溶于适量水中,加 15 mol/L $NH_3 \cdot H_2O$ 8.8 mL,稀释至 500 mL
9.0	NH_4Cl 35 g,溶于适量水中,加 15 mol/L $NH_3 \cdot H_2O$ 24 mL,稀释至 500 mL
9.5	NH_4Cl 30 g,溶于适量水中,加 15 mol/L $NH_3 \cdot H_2O$ 65 mL,稀释至 500 mL
10	NH_4Cl 27 g,溶于适量水中,加 15 mol/L $NH_3 \cdot H_2O$ 197 mL,稀释至 500 mL

参考文献

[1] 胡坚,张婉如,王振权. 动物饲养学(实验指导)[M]. 长春:吉林科学技术出版社,1994.
[2] 杨胜. 饲料分析及饲料质量检测技术[M]. 北京:北京农业大学出版社,1993.
[3] 顾君华. 饲料分析[M]. 北京:学术书刊出版社,1990.